玩透
PhotoImpact X3
全能設計 實用教學寶典
附範例實作檔案

U0036099

資訊啟發團隊 編著

範例・實作
試用版軟體

本書特色：

- 精選實例：範例設計貼近授課需要。
- 重點提示：剖析各章重點有效學習。
- 功能快取：提點實作過程重要功能。
- 觀念補充：補給站、小叮嚀擴大知識面。
- 輕鬆學習：理論結合應用，加強學習成效。
- 課後基測：精心設計評量題目，加深印象。

勁園・台科大
SINCE1997 www.tiked.com.tw

編企序

PhotoImpact是源自於台灣本土的影像設計軟體，現已融入國際大舞台，成為知名大廠英特維公司的品牌之一。相對於同類設計軟體Photoshop而言，其特點是易用性與時效性，善於捕捉最新的設計理念，將其設計成為各類範本供使用者快速套用；其工具和功能在設計上顯為人性化，最具特色的「百寶箱」，採用直觀的縮圖呈現功能，是一款更易上手的設計軟體。由於傾向本土化設計，它更符合國人的思維模式和使用習慣，而經過13世代的演進，逐漸擁有了完備的設計體系與強大的設計功能，它的多種編輯模式可以滿足各類型的設計者，操作簡單易上手的特點贏得了廣大消費群的青睞。

新版的PhotoImpact X3距離上一版本的發布時間並不遠，除了適應微軟新作業系統Vista的立體化風格，在操作介面上並沒有做明顯的變更。但因首度併入英特維公司，吸收Corel產品家族的技術，在設計功能上又有了許多增強的地方，比如三等分定律剪裁、黃金比例剪裁、好玩的多媒體管理工具MediaOne、專業的繪畫工具Painter Essentials…雖然某些功能有所重複，我們可期待下一版本的進一步整合。

為使您在學習時快速進入狀態，以及學得更為實用，本書捨棄了一些艱澀又很少用到的功能介紹，而專注於常用、實用功能的學習。全書分為十五章，在第一、二章的理論與操作基礎學習後，每章先以學習重點開始，再細分各節內容，逐一完成實例製作。每節之前以重點掃描的方式介紹節重點，然後特別介紹重要功能與概念，免除操作時可能遇到的知識瓶頸，提升學習效率。接著配合精心設計的範例，將重點中的相關知識靈活運用到實例教戰中，達到設計和功能應用合而為一的目的。每章之後的學習評量，挑出精華功能設計選擇題，鎖定各章介紹的功能知識、操作原則等，檢視學習成效，補足學習遺漏之處；透過生動的小實例設計基礎題，讓學生牛刀小試，加深印象、鞏固功能應用；透過精心設計的進階題，讓學生大顯身手，拓展思維深廣度、延伸學習成果。

本書透過多方面的實作與教學，幫助學生從操作中逐漸理解所使用的功能，並上升到「方法」的高度，有了方法做為指導，就不會在諸多功能中迷失方向，在日積月累的學習後，能自由發揮成為影像設計的長才，即是本書的最大目標。

為了方便您的閱讀，我們對各章內容進行了歸納整理如下：

● 第一章_PhotoImpact X3新登場：體驗全新介面與新增功能，並由此展開影像編輯基礎知識的學習。

● 第二章_PhotoImpact X3操作基礎：熟悉建立、管理、調整、輸入與輸出影像的基本操作。

● 第三章_影像處理大全：學習數位相片編修及藝術化處理的各種技法。

● 第四章_野鳥保育海報製作：透過設計背景、主體物件、LOGO、標題、文字，設計創意海報。

● 第五章_圖書封面設計：透過設計背景、主體物件、特效文字、裝飾封面，設計精美圖書封面。

● 第六章_CD包裝全套：透過套用創意影像範本設計CD的標籤、封面、封底。

● 第七章_影像合成：學習使用等尺寸合成、高動態範圍、智慧型合成、全景合成四種影像合成功能。

● 第八章_名片製作：學習使用標準的尺寸建立名片檔案，透過設計背景、LOGO、文字完成名片的設計。

● 第九章_創意影像範本：學習自製創意影像範本，並進行測試，擴充創意影像範本庫。

● 第十章_網頁設計：透過設計橫幅、背景、文字特效及切割網頁、影像最佳化、輸出，打造精美網頁。

● 第十一章_影像分享：使用分享功能快速製作Web相簿、月曆、投影片秀、行動影像等。

● 第十二章_DVD選單製作：透過影像設計工具製作DVD選單介面，透過DVD選單製作大師指定ID。

● 第十三章_影像設計綜合實例：整合前面所學的工具與技法，利用基礎處理技巧，結合創意巧思，完成不同凡響的作品。

- 第十四章_Corel MediaOne多媒體管理軟體：Corel免費的附加工具軟體，學習導入影像、顯示、播放、編修、快速製作、分享、保護影像等影像視訊製作簡易流程。

- 第十五章_Corel Painter Essentials 3數位繪圖軟體：Corel免費的附加工具軟體，學習將相片轉成繪畫風、各種繪圖筆刷應用、仿製名家大師的畫風等。

最後誠摯向您獻上此書，歡迎您享受愉快的學習應用之旅，願本書能夠成為您晉級PhotoImpact影像設計專才的幕後推手。

著作權聲明

　　本書所有內容（含隨書附贈之光碟內容）皆為版權所有，僅授權合法持有本書之讀者閱讀學習之用，非經本書作者或**台科大圖書股份有限公司**正式授權，不得以任何形式複製、抄襲、轉載或透過網路對外散佈其部分或全部內容。本書內容爾後如有勘誤或修訂，恕不另行通知，僅此聲明。

商標聲明

　　本書所引用之商標及商品名稱，分屬各公司、團體或個人所有，書中僅作介紹之用，絕無冒用或侵權之意圖，特此聲明。

- Ulead PhotoImpact、為InterVideo Digital Technology Corporation.之註冊商標及產品。

- Corel MediaOne、Corel Painter Essentials 3為Corel Corporation.之註冊商標及產品。

- Adobe InDesign CS3、Adobe Illustrator CS3、Adobe Photoshop CS3等為Adobe公司之註冊商標及產品。

- Microsoft Word為Microsoft公司之註冊商標及產品。

PhotoImpact X3 實用教學寶典

Chapter 05.　關懷生命－圖書封面設計

Chapter 06.　自然美聲－CD包裝全套

Chapter 07.　合而為一－影像合成

Chapter 08.　創造個人品牌－名片製作

Chapter 12. 動物的一生－DVD選單製作

Chapter 13. 登峰造極－影像設計綜合實例

Chapter 14. Corel MediaOne Plus多媒體管理軟體

Chapter 15. Corel Painter Essentials 3相片繪畫風之體驗

PhotoImpact X3
實用 教學寶典

PhotoImpact X3
新登場

1

認識PhotoImpact X3的用途

    影像設計：PhotoImpact X3可以製作出各種精美的影像作品
    相片編修：編修相片的曝光過度、曝光不足、人物紅眼以及美化相片中的人物等
               問題
    網頁設計：使用各種特效設計網頁
    創意範本：套用與分享範本
    DVD選單：配合DVD選單製作大師完成自訂DVD選單
    批次處理：快速完成批次轉檔的操作

PhotoImpact X3版面特色

    版面：認識PhotoImpact X3操作環境
    視窗模式：快速切換到不同的視窗模式
    隱藏與顯示工作面板：瞭解隱藏與顯示工作面板的技巧
    免費素材：獲得更多的免費素材

PhotoImpact X3管理員

    圖層管理員：管理目前檔案中的所有物件
    選取區管理員：是一個用來儲存選取區的面板
    文件管理員：管理與顯示目前工作視窗中開啟的所有檔案
    瀏覽管理員：用於管理電腦中的影像檔案並以縮圖的形式顯示
    百寶箱：放置與儲存設計素材物件的地方

PhotoImpact X3 工作模式

    快速修片模式：專門編修圖片與相片的工作模式
    網頁設計模式：專門進行網頁設計的工作模式
    全功能編輯模式：一個能處理各種類型影像作品的工作模式
    DVD選單製作模式：專門製作DVD選單的工作模式

PhotoImpact X3
實用 教學寶典

1-1 認識PhotoImpact X3的用途

全中文介面的PhotoImpact和Photoshop
有不少相似處，兩者皆以影像處理為其主
要訴求，但PhotoImpact則顯得更加簡單易
用，且功能並不遜色於Photoshop。或許
您未曾聽說過PhotoImpact，或許有所耳
聞卻未用過，或許您還在問PhotoImpact和
Photoshop之間的區別，所以本節就先來介
紹一下PhotoImpact X3的用途，讓您了解
什麼是PhotoImpact。

重點掃描

✤ 開啟認識PhotoImpact X3的繪圖
  基礎應用
✤ 認識PhotoImpact X3在編輯數位
  相片方面的應用
✤ 認識PhotoImpact X3在網頁設計
  方面的實用性
✤ 認識PhotoImpact X3提供的各種
  創意範本設計
✤ 認識PhotoImpact X3 DVD選單製
  作的用途
✤ 認識PhotoImpact X3批次轉檔的
  操作方法

影像設計

影像設計可以說是影像處理軟體中最基本的功能，因此PhotoImpact提供了繪製圖
形、影像合成、文字特效等多個功能與工具，另外還新增了Corel®Painter™ Essentials
3 繪圖大師，透過這些工具可以製作出精美、創意十足的影像作品，如活動宣傳海
報、圖書、雜誌封面、個人名片等。

圖書封面

宣傳海報

名片

數位相片編修

　　儘管數位相機熱門到幾乎人手一機的程度，但拍出來的相片卻是各有千秋，可能在於相機本身的功能或是拍攝者功力有限，當然也有可能因為天候環境的因素，使拍出來的相片並不完美，出現諸如曝光過度、曝光不足、人物紅眼等問題。在傳統膠卷相片時代，要編修相片可能要花費相當多的時間，但現在只要將數位相片直接存入電腦中，再透過PhotoImpact的快速修片模式，即可迅速將人物的皺紋、眼袋、疤痕等缺陷，以及風景中的閒雜人等拿掉，甚至可以為相片製作難得一見的特殊效果。

編修前的相片效果

處理了「白平衡」、「焦距」和「美化皮膚」後的相片效果

網頁設計

　　網際網路已經是現代人生活不可或缺的一部分，而網頁技術也日臻成熟，所以各式網站琳瑯滿目，這幾年還流行起一股BLOG的熱潮。傳統網頁為了吸引網友瀏覽，在「Content is King」的原則下，網頁設計精益求精乃必然的趨勢。使用PhotoImpact中的「HTML文字物件」、「Rollover效果」、「按鈕設計師」等功能，有助於提升網頁的可看性。

使用PhotoImpact
設計的網頁

創意範本設計

　　PhotoImpact在原有的「賀卡」、「CD/DVD標籤」、「邊框」、「菜單/立卡」、「卡片」等創意範本的基礎上，新增了「多圖拼貼」和「連環漫畫」，執行「檔案－分享－創意影像範本」功能可開啟「創意影像範本」對話方塊，選擇範本後可以直接套用，透過「自訂」籤頁可對範本進行新增與修改選取的項目，例如文字與影像的屬性。對範本進行變更後，可透過「分享」籤頁對範本進行儲存、電子郵件、列印等操作，與他人分享您的傑作。

各種範本

預覽範本設計
效果

DVD選單製作

透過「DVD選單」可自訂DVD選單按鈕，並可設定「動畫過場選單」、「文字選單」、「縮圖選單」等三種不同類型的DVD選單；另外內建了「DVD選單製作大師」，可用來指定ID元件，以完成自訂DVD選單，就可以成為供DVD製作軟體直接套用的範本。

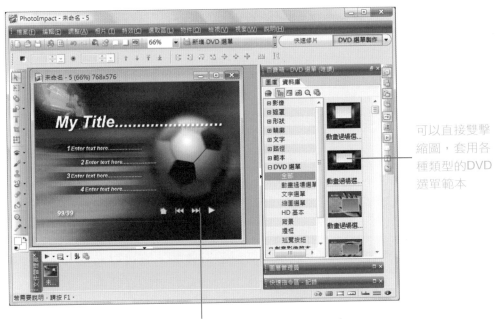

可以直接雙擊縮圖，套用各種類型的DVD選單範本

DVD選單中各種元件

批次處理

PhotoImpact提供的「批次轉換」功能，內建了多種常用的影像模式與格式，能夠根據設計需要，快速變更指定資料夾中的影像模式或格式至另一個資料夾中。進而快速完成批次轉檔的操作；例如一次將許多*.tif格式的影像檔轉換成容量較小的*.jpg影像檔案格式。新版又增加了一個「影像批次精靈」，便於批次設計適用於視訊的影像。

批次處理後的影像格式為「*.jpg」

批次轉檔前的影像格式為「*.tif」

PhotoImpact X3不愧為一個全能型的智慧設計軟體,它可以滿足所有影像編輯上的各種需要。真正做到了降低初學門檻,成為設計愛好者的好助手!

1-2 PhotoImpact X3版面特色

PhotoImpact X3的介面變更不多,主要是因應新的作業系統Windows Vista做了一些改進。在使用上,則秉承舊版本版面簡約大方的優點,繼續為不同的使用者提供專屬的「快速修片」、「全功能編輯」、「網頁設計」、「DVD選單製作」四大操作環境,使不同類型的使用者皆能各取所需,得心應手地進行設計操作。

重點掃描
- 認識PhotoImpact X3設計新版面
- 瞭解使用PhotoImpact X3操作秘笈

1-2-1　版面介紹

如果想輕鬆駕馭該軟體，進而提高設計效率，那麼就必須對軟體有更深的瞭解，下面將一一剖析視窗中版面各部分與其作用。

功能表列

位於標題列下方，依功能與作用不同，分為「檔案」、「編輯」、「調整」、「相片」、「特效」、「選取區」、「物件」、「網路」、「檢視」、「視窗」、「說明」共十一類。每個功能表中包括了各種相關的功能，只要單擊功能表名稱即可開啟該功能表。

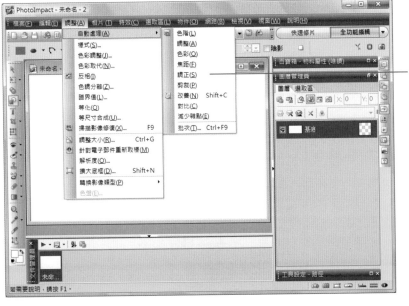

展開的功能表

工具箱

工具箱位於軟體視窗的左方，包含了「挑選工具」、「選取工具」、「繪圖工具」、「編修工具」、「填充工具」…等工具，如果想選用某工具時，只要單擊相關的工具按鈕即可。

在個別按鈕的右側標有「 ┃ 箭號」，即表明此工具按鈕裡含有多個同一類別的子工具按鈕，只要單擊該按鈕即可展開工具選單，選用其他工具。

＿＿展開的工具選單

面板

面板工具列位於視窗的右側，包含了「圖層管理員」、「百寶箱」、「工具設定」…等十個面板管理員，它們可以幫助使用者管理圖層、文件、工具等項目。透過單擊「面板管理員」工具列中的面板即可顯示或隱藏指定的面板。這樣能夠在設計時充分發揮各項工具的效能，並大大提升我們的設計效率。

面板工具列

展開的面板

工作模式切換

PhotoImpact X3提供了「快速修片」、「全功能編輯」、「DVD選單製作」、「網頁設計」等四大工作模式。可以透過單擊「快速修片」按鈕直接切換模式，若要切換到其他模式，則要單擊工作模式按鈕右邊的「 ▼ 箭號」按鈕，在展開的下拉選單中選擇其他模式。若有自行設定工作模式時，該模式也會出現在此下拉選單中。

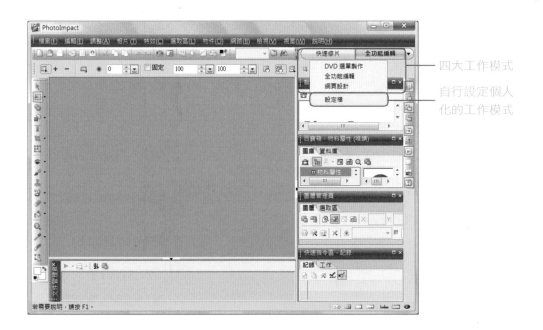

　　四大工作模式

　　自行設定個人
　　化的工作模式

屬性列

　　PhotoImpact每項工具幾乎都擁有其屬性設定，這些設定項目集中於「一般」工具列的下方，當選擇不同工具時，屬性列會自動顯示相對應的設定項目。這樣可簡化從對話視窗中設定工具屬性的操作步驟。

標準選取工具的屬性列

路徑繪圖工具的屬性列

「一般」工具列

　　一般工具列將在影像設計作業中最常用的功能以圖示整合於此，預設位於功能表下方。這裡包含了「開啟」、「儲存檔案」、「複製」、「貼上」等極為常用的功能按鈕，讓您不必透過功能表就可以直接使用某個常用功能，有效地提高設計效率。

一般工具列

狀態列

狀態列位於視窗的最下方，它主要為我們提供檢視操作情況與影像的基本資訊，如影像尺寸、物件名稱、物件位置、目前滑鼠位置等。當在進行相關的操作時，狀態列就會針對它提供內容資訊。

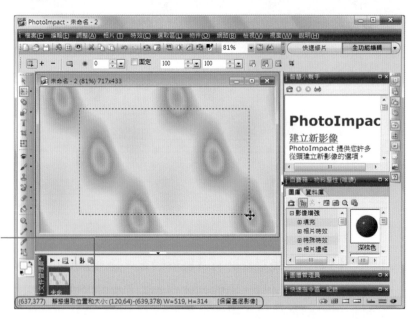

滑鼠移至選取區時，狀態列顯示選取區的資訊

PhotoImpact X3的整個版面設計以方便使用者為首要，它具有人性化與「易取易用」的兩大特點。使用者可自行決定版面出現的工具與面板的數量。

1-2-2　操作秘笈

為了減少您在設計工作上所花費的時間，PhotoImpact X3提供了多種操作秘笈，讓您更能體會到PhotoImpact X3的貼心之處。下面將介紹在平時設計中的一些操作技巧，以便讓您在進行設計工作時更得心應手。

> **學習重點**
> ❀ 快速切換到不同的視窗模式
> ❀ 瞭解隱藏與顯示工作面板的技巧
> ❀ 獲得更多免費素材的方法

切換不同的視窗模式

有時為了能更全面地顯示作品，可以將作品設定為全螢幕。我們可以透過按下Ctrl+U快速鍵進行切換全螢幕模式。

隱藏與顯示工作面板

透過單擊工作面板工具列中的各個面板圖示按鈕，可以快速隱藏與顯示工作面板。工作面板是可以任意移動的，方便使用者使用。

內建素材運用

在百寶箱中收藏了各種已分門別類的免費素材供套用，此外還可透過在網路上取得更多的免費素材，包括創意範本等等。

巧妙使用操作秘笈不但可以大大提高日後的設計效率，更重要的是能在設計過程中更為順手。

1-3 PhotoImpact X3管理員

PhotoImpact X3有五大常用管理員面板，分別為「圖層管理員」、「選取區管理員」、「文件管理員」、「瀏覽管理員」和「百寶箱」，如果懂得善加運用此五大管理員，可以方便的檢視工作視窗中的物件、選取區、文件以及文件檔案、素材庫中的資料等，有助於提升工作效率。

重點掃描
- 瞭解圖層的進階用途與功能
- 瞭解選取區的功能
- 認識文件管理員的作用
- 認識瀏覽管理員的作用
- 瞭解百寶箱中的工具種類

圖層管理員

「圖層管理員」主要用來管理目前檔案中的所有物件。在「圖層管理員」面板中顯示各物件的縮圖、名稱、位置、大小等資訊，可以進行顯示與隱藏、鎖定與解除鎖定、移動圖層順序、選取物件、群組等編輯操作，在此還可以調整物件的透明度、製作物件色彩合併效果等。執行「圖層遮罩」功能，除了可以作為選取範圍使用外，更可以去除多餘的區域。

在視窗右側的面板工具列上單擊「 顯示或隱藏圖層管理員」按鈕，可開啟或隱藏圖層管理員。

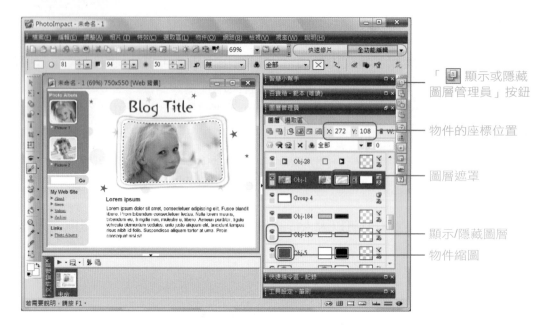

「 🔲 顯示或隱藏圖層管理員」按鈕

物件的座標位置

圖層遮罩

顯示/隱藏圖層

物件縮圖

選取區管理員

「選取區管理員」是一個用來儲存影像選取區的面板，最多可以儲存99個選取區。如果需要在影像中建立數個選取區，都可以將其存放在「選取區管理員」內，另外還允許利用這些選取區，輔以建立、增加或減去三種模式，再次建立出其他更具變化的選取區。當後續需要使用時，即可將選取區匯出，以便快速、準確地得到所需的選取範圍。透過「選取區管理員」面板，可以查看儲存的選取區縮圖、位置、大小、名稱等資訊。

在視窗右側的面板工具列上單擊「 🔲 顯示/隱藏選取區管理員」按鈕，可開啟或隱藏選取區管理員。

「 🔲 顯示/隱藏選取區管理員」按鈕

單擊「 🔲 全圖顯示區」按鈕，可在面板中顯示全影像

影像中的選取區　　　選取區縮圖　　　選取區資訊

文件管理員

「文件管理員」用於管理與顯示工作視窗中已開啟的檔案。透過「文件管理員」可以顯示檔案的縮圖和名稱，單擊選取縮圖時，此檔案會移至工作區的最頂層，並處於目前編輯狀態；在縮圖上單擊右鍵時，可以透過選單執行最小化、列印、儲存等編輯操作。

在視窗右側的面板工具列上單擊「 🖻 顯示或隱藏文件管理員」按鈕，可開啟或隱藏文件管理員。

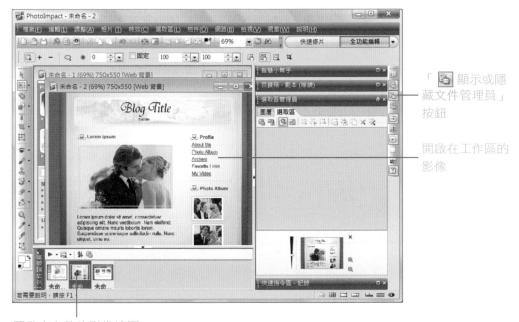

「 🖻 顯示或隱藏文件管理員」按鈕

開啟在工作區的影像

開啟中文件的影像縮圖

瀏覽管理員

「瀏覽管理員」主要用於管理電腦中的影像檔案，並以縮圖的形式顯示。有了它即可避免錯開檔案的麻煩，且更易於找到需要的檔案。只要雙擊縮圖，可以將該檔案開啟在工作區中；如果將縮圖直接拖曳到工作視窗的影像文件上，就會在原影像文件上建立一個新物件。

在視窗右側的面板工具列上單擊「 🖻 顯示或隱藏瀏覽管理員」按鈕，可開啟或隱藏瀏覽管理員。

以檔案總管的方式呈現

「 📷 顯示或
隱藏瀏覽管理
員」按鈕

顯示資料夾中
的檔案縮圖

百寶箱

在「百寶箱」中有「圖庫」與「資料庫」兩大項目，主要用於放置與儲存設計素材物件。在「資料庫」籤頁下分門別類地放置了「影像」、「遮罩」、「形狀」、「輪廓」、「文字」、「路徑」、「範本」、「DVD選單」、「創意影像範本」等物件資料供直接套用；在「圖庫」籤頁下有「影像增強」、「文字/路徑特效」、「工作」等相關的圖庫。在「獨家資料庫」與「獨家圖庫」中可以儲存自行添加或製作的物件，方便日後直接套用。

在視窗右側的面板工具列上單擊「 📷 顯示或隱藏百寶箱」按鈕，可開啟或隱藏百寶箱。

使用百寶箱快速繪製的圖案　百寶箱中的物件分為兩大類

「圖顯示或隱藏
百寶箱」按鈕

圖庫中的各種分項

顯示資料夾中的
檔案縮圖

　　PhotoImpact之所以能讓初學者快速地掌握影像處理技術，其面板管理員可說是功不可沒。善用它們各自的優勢，我們就可以更輕鬆地進行設計工作。

1-4　PhotoImpact X3工作模式

　　PhotoImpact X3提供了「快速修片」、「網頁設計」、「全功能編輯」、「DVD選單製作」等四種工作模式，下面將介紹這四種工作模式的用途與差異，方便日後能依情況來使用。

學習重點
- 瞭解在快速修片模式中的相關操作
- 瞭解在網頁設計模式中的相關操作
- 瞭解全功能編輯模式的相關操作與其不同處
- 瞭解DVD選單製作的流程與相關操作

「快速修片」模式

　　在「快速修片」模式下，可以自行切換檢視模式，清楚顯示處理前與處理後的對比，它提供了多種快速修片的工具，只要透過簡單的幾個步驟，即可以完成相片曝光、色偏、移除紅眼等效果，新版新增了「三等分定律剪裁」及「黃金比例剪裁」功能，使相片編修更加方便和專業。

三種檢視模式

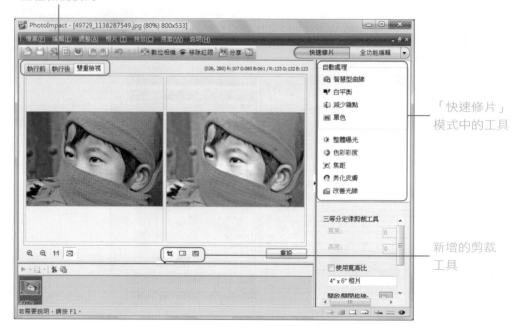

「快速修片」
模式中的工具

新增的剪裁
工具

「網頁設計」模式

當切換至「網頁設計」模式時,在「一般」工具列中會馬上出現有關設計網頁影像所需要使用到的工具,如「開新HTML文字物件」、「元件設計師」、「背景設計師」等等。這樣我們就可以直接選用設計過程中所需的工具,操作起來十分方便。

設計網頁的相關
工具

「全功能編輯」模式

「全功能編輯」模式比起在其他三個編輯模式下的功能與工具都多,在此模式下可以設計各種作品,包括名片、海報、賀卡、網頁、DVD等影像作品。不過相對地,在設計過程中,也就沒有其他三個專業的工作模式那麼快速、便利。

功能與工具齊全的
全功能編輯模式

「DVD選單製作」模式

　　「DVD選單製作」模式是專門用來設計DVD選單，並可將DVD選單儲存為供視訊使用的圖片。在百寶箱中可以套用各種文字與縮圖選單，還有背景、邊框、範本等等。

各種DVD
選單範本

　　相對於「全功能編輯」模式來說，其他三個編輯模式的環境可說是專業多了。在各編輯模式的「一般」工具列下只顯示使用中模式的專門工具操作，不相關的工具將不會出現。

學習評量

選擇題

1.(　)　按下下列哪一組快速鍵可切換至全螢幕模式檢視影像作品？

(A)Ctrl+U　(B)Ctrl+D　(C)Shift+U　(D)Alt+U。

2.(　)　在狀態列中不能顯示下列哪一種資訊？

(A)影像尺寸　(B)物件名稱　(C)目前滑鼠位置　(D)影像的大小。

3.(　)　下列哪一個管理員的功能主要用來顯示目前工作視窗中開啟的所有檔案？

(A)圖層管理員　(B)選取區管理員　(C)文件管理員　(D)瀏覽管理員。

4.(　)　下列哪個選項不是網頁設計功能？

(A)HTML文字物件　(B)Rollover效果　(C)按鈕設計師　(D)減少雜點。

5.(　)　當需要調整相片曝光、色偏、移除紅眼等效果時，在下列哪一個模式下操作是最好的？

(A)「快速修片」模式　(B)「網頁設計」模式
(C)「全功能編輯」模式　(D)「DVD選單製作」模式。

PhotoImpact X3
操作基礎

2

PhotoImpact X3
實用 教學寶典

2-1 PhotoImpact X3設計基礎

在開始使用PhotoImpact繪製圖形、編修數位相片、設計網頁之前,有一些觀念必須先弄明白,例如影像類型、影像格式和輸出用途、色彩模式、解析度和尺寸的關係,這樣才不會忙了大半天,卻發現做了白工。

點陣圖與向量圖

平常我們所接觸的影像類型分為點陣圖與向量圖,這兩種類型的影像各有其特性和應用範圍,讓我們先瞭解點陣圖與向量圖之間的差異,釐清影像設計最基本的概念。

點陣圖

點陣圖是由各種有顏色的小點排列組成,也就是大家所熟知的「像素」,其具有色彩鮮豔、影像逼真的優點。然而最大的缺點是縮放時易產生失真的情形,這是因為當放大影像時,原本的一個像素將會變成由多個像素重新組合,而每一個像素本身又是固定的大小,因此影像邊緣、線條和形狀就會變得模糊不清;縮小影像時,由於像素減少也會使影像失真。因此編修點陣圖時,要注意一開始就設定好解析度,避免設計後才調整影像大小而產生影像失真的效果。

改變影像大小後,影像邊緣出現鋸齒狀的失真情形

鮮豔的點陣圖

向量圖

　　向量圖是由點、線、面三要素所構成，並根據數學運算後，按使用者自訂的解析度輸出不失真的影像。構成向量圖的各個物件都是單獨的個體，具有顏色、形狀、輪廓、大小和螢幕位置等屬性，基於這些特性，它可以維持原始面貌和清晰度，無論放大或縮小，都不會出現失真現象。向量圖的檔案容量一般都比較小，因此適用於繪製動畫影像，便於傳輸且不會破壞動態影像的視覺效果。

放大後仍保持
原有品質

原始的向量圖

認識影像格式

　　PhotoImpact是專業的點陣影像處理軟體，因此，在進行點陣圖設計之前，讓我們先來認識豐富的點陣圖格式，瞭解不同的影像格式及其用途。

網頁用格式

　　目前最常見的三種網頁用影像分別為JPEG、PNG、GIF，他們的共通點是容量小，但又可以清楚呈現影像內容，詳述如下：

JPEG

JPEG是Joint Photographic Experts Group的縮寫，該格式採用可失真編碼技術，利用數位餘弦轉換法（Discrete Cosine Transform）將影像資料中較不重要的部分去除，僅保留重要的資訊，達到高壓縮率以減少檔案大小的目的。JPEG影像雖然去除了部分影像資料而產生失真情形，但此失真率可以透過參數來控制；當壓縮率為5%～15%時，JPEG依然能保證其基本的影像品質，適用於色彩較豐富的相片以及色彩量較大的影像。

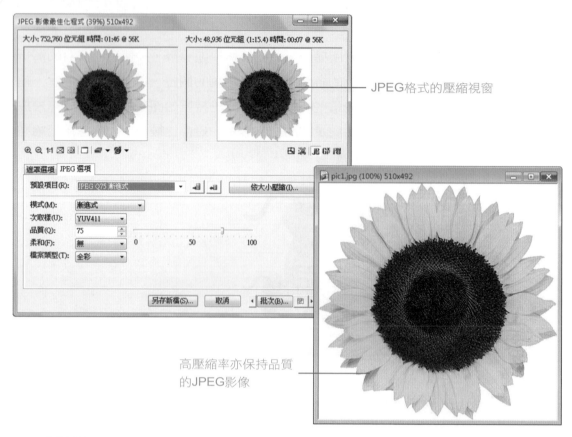

JPEG格式的壓縮視窗

高壓縮率亦保持品質
的JPEG影像

⊙ PNG

PNG是Portable Network Graphics的縮寫，該格式兼有JPEG的高壓縮率、GIF的
透明背景與檔案容量小的優點，成為網頁設計領域的新秀。相較於JPEG格式，
PNG影像支援24 bit位元影像色彩，而且可以產生無鋸齒邊緣的透明背景圖。

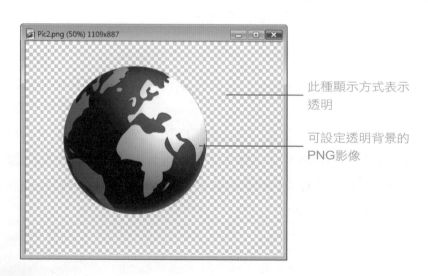

此種顯示方式表示
透明

可設定透明背景的
PNG影像

○ GIF

GIF是Graphics Interchange Format的縮寫，該格式是CompuServe開發的一種高壓縮影像，檔案容量普遍很小，而且具有動態效果。由於GIF影像資料經過索引值取代，所以GIF影像色彩深度是從1 bit到8 bit，即GIF格式的影像最多只可儲存256種顏色。

具動態效果的GIF影像

列印用格式

TIFF是Tagged-Image File Format的縮寫，在PC電腦中的格式為TIF/TIFF。該格式專用於印刷輸入，高顯像品質，也因此檔案容量較大，多數影像編輯軟體都支援此格式。TIFF格式支援CMYK、RGB、含Alpha色版灰階檔案、Lab、索引色和無Alpha色版的點陣圖檔案。

TIFF格式影像

可編輯格式

市面上有各種影像編輯軟體，各種軟體有其支援的編輯格式，例如Photoshop專用的PSD格式、CorelDRAW專用的CDR格式等等。PhotoImpact則支援UFO格式，該格式會儲存影像編輯過程中所產生的各種資訊，包括物件、圖層、陰影、填充等內容，當後續再次開啟該格式影像，影像中的物件仍然存在，可以繼續對影像進行編輯處理。

在UFO檔案中可儲存
由多個可獨立編輯的
圖層物件組成的影像

影像色彩

影像的色彩模式包括RGB、CMYK、灰階、黑白、Lab、索引色等,這些色彩模式將影響影像的色彩品質。而常用的有RGB、CMYK、灰階、黑白、HSB,下面將進一步解說。

● RGB

RGB模式是一種由R、G、B三色疊加的色彩效果,其中R(Red)代表紅色、G(Green)代表綠色、B(Blue)代表藍色,這三種色彩是自然界中的可見光譜,若按不同比例和強度混合,可以產生豐富多變的顏色。

RGB模式為每一個像素的RGB,分配0~255範圍內的強度值,進而構成RGB色彩的值;例如R值為255、G值為0、B值為0,那麼此色彩值為紅色(255,0,0)。

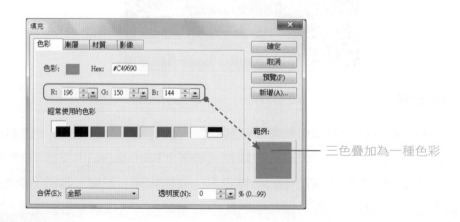

三色疊加為一種色彩

○ CMYK

CMYK模式是通用的印刷模式，該色彩模式以油墨在紙張上的光線吸收特性為基礎，影像中每個像素都是由Cyan（青色）、Magenta（洋紅）、Yellow（黃色）和Black（黑色）四種色版按照不同的比例合成。由於傳統的四色印刷是以黑色網版，並以它為標準Key來疊印其他三種色彩，因此K便代表黑色。該模式具有多種色彩組合，其缺點是影像檔案容量大，因此，當影像需要印刷輸出時才以CMYK模式來處理。

CMYK影像由C、M、Y、K四個色版合成

☺ 灰階

灰階模式的影像由256級灰色來表現色彩，即影像中的每一個像素皆有一個0（黑色）到255（白色）之間的亮度值。灰階值就是使用此範圍內的顏色百分比來表示，例如0%表示白色，100%表示黑色。

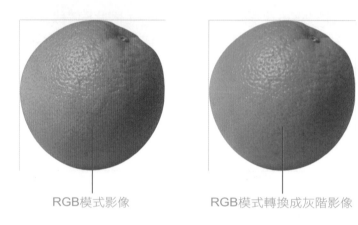

RGB模式影像   RGB模式轉換成灰階影像

☺ 黑白

黑白模式的影像只顯示黑與白兩種色彩，該類影像只儲存兩種顏色，導致它的色彩缺乏連續，因而產生許多網點。

原來的RGB模式的影像   轉換成黑白影像後的結果

☺ HSB

HSB模式是一種由色相（H）、飽和度（S）和亮度（B）描述的色彩效果。此三項描述主要表現如下：

色相（H）：會依位置計算色彩，主要以顏色名稱標識，例如紅、藍或綠色。

飽和度（S）：指顏色的強度或純度，用色相中灰色成分所占的比例來表示，0%為純灰色，100%為完全飽和。

亮度（B）：指顏色的相對明暗程度，通常將0%定義為黑色，100%定義為白色。

該模式是根據人類肉眼的視覺衝擊程度來加以制定，最接近人類對於色彩的辨認方式。H值為0、S值為0、B值為100，則表示成白色（HSB：0,0,100）。

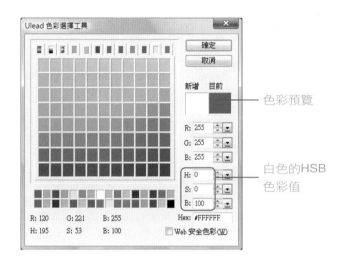

透過上面圖文並茂的介紹，一些原本較含糊的概念是否一下子豁然開朗了呢！只要弄清楚一些概念性的基礎知識，在設計時就可達到事半功倍的效果。

2-2　物件介紹

　　一幅影像檔案通常由多個基本的元素構成，在PhotoImpact中，每個影像都會有一個唯一的基底，而物件則分為影像物件、路徑物件和文字物件三大類型，它們的特性和使用方法各有不同，下面逐一介紹剖析其中的差異。

> **重點掃描**
> ✤ 認識基底影像
> ✤ 認識物件類型
> ✤ 轉換物件類型

基底影像

　　基底影像是影像組成的基本元素，它位於最底層，具有獨一性且無法刪除。每個影像檔案都會有基底影像，即使是透明背景的檔案也不例外，只是它暫時被隱藏起來而已。基底影像不具有隨意移動位置、調整前後順序等特性，它永遠都位於影像的最底層，而且每個影像檔只有一個基底影像。

　　除了新增檔案的空白底色外，當開啟JPG、TIF、PNG等檔案素材，檔案本身就是基底影像。

檔案本身就
是基底影像

小叮嚀

在PhotoImpact中,基底影像雖然是影像最基本的組成要素,但基於設計上的需要,若要隱藏基底影像時,可以透過「圖層管理員」面板,單擊其中的「 🖼 顯示或隱藏物件」按鈕,改變其顯示狀態。

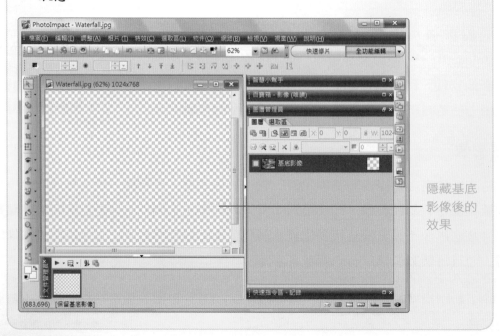

隱藏基底
影像後的
效果

影像物件

影像物件具有浮動、可編輯、透明化等一般物件的特性。建立影像物件的方法有很多種，例如從百寶箱的「物件」資料庫中建立，將選取區轉換成影像物件或插入外部物件等。

位於基底影像
上的物件

路徑物件

凡是利用「路徑繪圖工具」繪製的圖形，或透過百寶箱內的「路徑」資料庫所建立的物件都屬於路徑物件。它與其他物件的區別，就在於其具有向量特性，所以對路徑物件進行放大、縮小、變形等操作時，都不會損壞物件的品質。

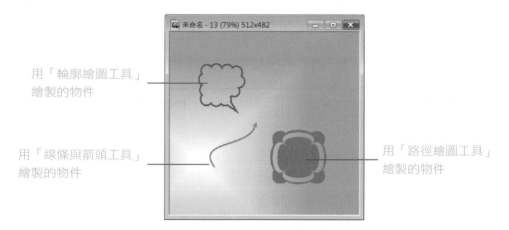

用「輪廓繪圖工具」
繪製的物件

用「線條與箭頭工具」
繪製的物件

用「路徑繪圖工具」
繪製的物件

文字物件

凡是利用「文字工具」在影像上輸入的文字都屬於文字物件，它也具有向量特性，用來製作平面、立體、變形等效果都很合適。對於輸入的文字，可以變更其字型、大小、樣式、色彩、添加框線等外觀屬性。

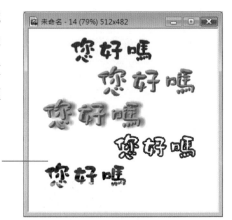

用「文字工具」製作的文字物件

物件類型之間的轉換

每一種物件類型都保有自己的特性，當物件不具備某項特性時則會侷限了部分設計範圍，這時就必須要轉換物件類型。只要執行「物件－轉換物件類型」功能，即可展開物件類型的轉換選單，將目前的物件轉換成其他類型的物件，以進行其他的處理。

物件類型轉換選單

本節我們學習了PhotoImpact中圖層的涵義，瞭解了三種基本物件－「文字」、「路徑」、「影像」的特徵及物件之間的相互轉換方法，也認識了做為工作平台以及背景的「基底影像」。現在大家掌握了這些基本知識後，就能正確使用PhotoImpact進行影像編輯了。

2-3 影像檔案管理

以前作畫的工具是紙和筆，現在則多了使用滑鼠在電腦螢幕上恣意塗鴉的方式；在電腦上繪製圖案之前需要新增一個空白檔案，或開啟既有影像。當完成影像設計工作後，當然要記得儲存檔案及列印輸出影像作品。所有這些影像管理事務，貫穿整個設計工作，其重要性不言而喻。下面就來了解檔案管理的操作方法。

> **重點掃描**
> ❀ 認識新增影像檔的操作方法
> ❀ 認識新增網頁檔的操作方法
> ❀ 認識開啟舊檔的操作方法
> ❀ 認識儲存檔案的操作方法
> ❀ 認識批次處理的操作方法
> ❀ 認識列印檔案的操作方法

新增影像檔

建立新影像有三種方法，分別為執行「檔案－開新檔案－開新影像」功能、按下 Ctrl+N快速鍵、在「一般」工具列上單擊「 📄 開新影像」按鈕等。在開啟的「開新影像」視窗中，可供使用者設定影像類型、背景、影像大小、解析度等，只需依照實際需求設定上述項目，即可新增一個空白影像檔案。

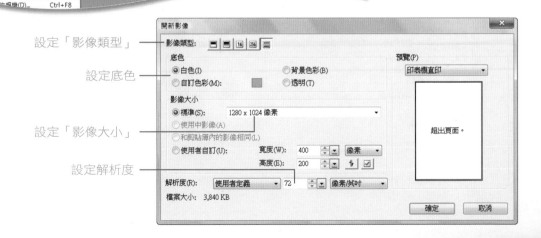

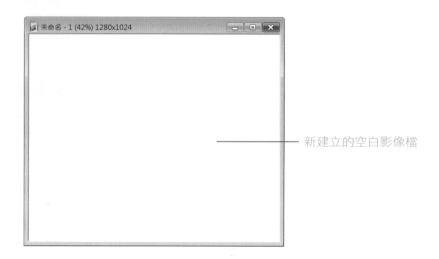

新建立的空白影像檔

新增網頁檔

PhotoImpact亦提供了三種將影像建立為網頁的功能。分別為執行「檔案－開新檔案－開新網頁」功能、按下Shift+A快速鍵、在「一般」工具列上單擊「 開新網頁」按鈕。在開啟的「開新網頁」視窗中可設定新網頁檔案的網頁標題、編碼、背景、頁面大小等項目。

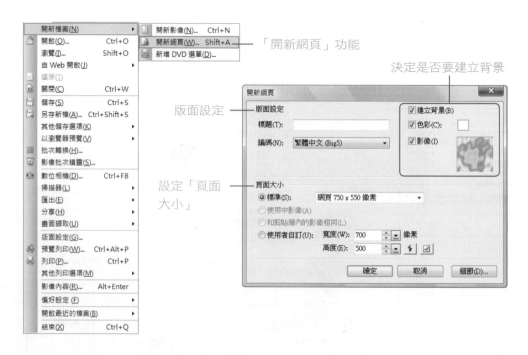

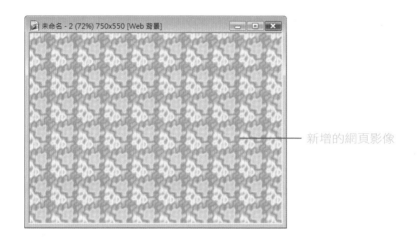

新增的網頁影像

開啟舊檔

已編輯過的影像在儲存後，若要重新開啟以進行編輯，可透過「開啟」功能，將檔案開啟於PhotoImpact的視窗編輯區。開啟舊檔有兩種方法，一是透過「開啟舊檔」視窗，另一種則是透過「瀏覽管理員」來開啟。

當執行「檔案－開啟」功能，或按下Ctrl+O快速鍵時，可自動顯示「開啟舊檔」視窗，選取影像檔案後，再單擊「開啟舊檔」按鈕即可。

「開啟」功能

「開啟舊檔」視窗

「瀏覽管理員」和Windows檔案總管的搜尋方式相似，當搜尋到目標檔案時，直接雙擊檔案即可快速開啟。

此外，透過「瀏覽管理員」選取影像時，還可以從「EXIF資料」區檢視影像的相關資訊，例如寬度、高度、曝光時間、ISO速率、計量模式、相機樣式等，這些資料是數位相機所記錄的影像拍攝資訊，為處理數位相片提供了不少幫助。

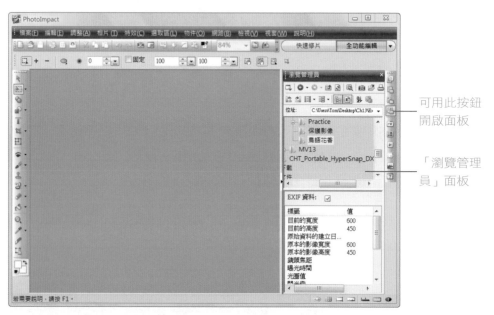

可用此按鈕開啟面板

「瀏覽管理員」面板

展開/收合按鈕

展開的「瀏覽管理員」視窗

儲存檔案

儲存第一次建立的影像檔案時，執行「檔案－儲存」功能或按下Ctrl+S快速鍵，會出現「另存新檔」視窗，由使用者指定儲存位置、名稱和格式，最後單擊「存檔」按鈕即可。

若儲存舊有檔案，執行「檔案－儲存」功能或按下Ctrl+S快速鍵時，就不會出現「另存新檔」視窗，PhotoImpact會依照檔案原來的位置、檔名、類型直接覆蓋並完成儲存。

至於「另存檔案」功能則可以自訂檔案的儲存位置、名稱、類型等，執行「檔案－另存新檔」功能或按下Ctrl+Shift+S快速鍵，開啟「另存新檔」視窗後，在該視窗指定檔案的另存位置、名稱、格式，最後單擊「存檔」按鈕即可。

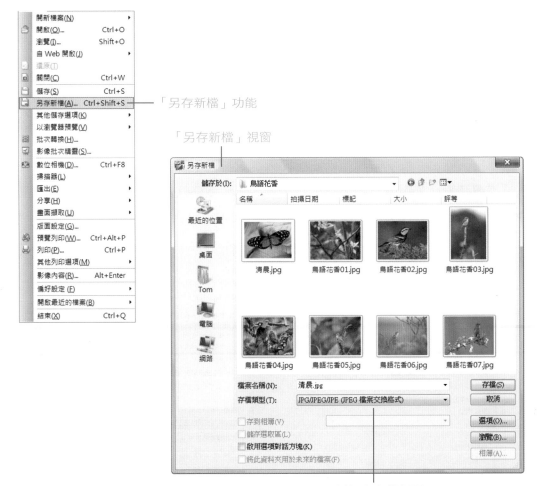

「另存新檔」功能

「另存新檔」視窗

可以設定存檔類型

補給站

在「另存新檔」視窗中另有四個核取項，透過這些核取項可以自訂軟體的儲存設定，例如將影像直接存成相簿、儲存影像中的選取區等，詳述如下：

- 存到相簿：可以將檔案直接儲存於PhotoImpact相簿內。

- 儲存選取區：影像中需有建立選取區才允許勾選此核取項。

- 啟用選項對話方塊：儲存影像時，自動開啟「儲存選項」視窗，透過此視窗可設定影像最佳化處理。

- 將此資料夾用於未來的檔案：將此次指定的儲存位置，套用於以後的影像儲存操作，除非另選儲存路徑。

批次處理

PhotoImpact雖然可以將影像儲存為不同格式，但一次只能儲存並改變一個影像檔案，若打算同時轉換大量檔案的格式，就需要用到PhotoImpact的「批次轉換」功能。

當執行「檔案－批次轉換」功能，在「批次轉換」視窗中指定來源影像、指定資料夾、選擇該資料夾中所有影像檔，並指定某一類型格式的影像檔案。接著再指定目的地位置，最後選擇批次轉換後的檔案格式與影像類型即可。

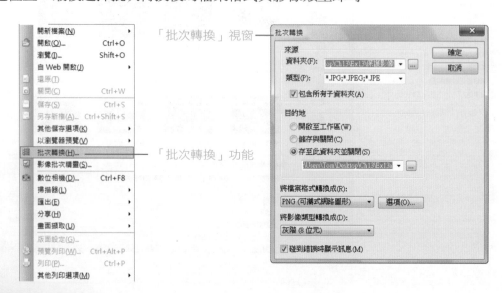

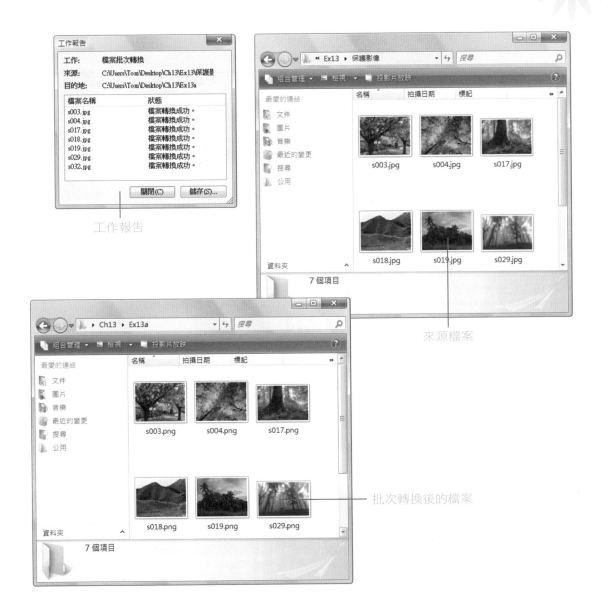

工作報告

來源檔案

批次轉換後的檔案

列印檔案

完成影像設計後,結果只顯示在電腦螢幕上,如果需要列印輸出影像,可以先預覽實際的列印效果,執行「檔案-預覽列印」功能,將出現一個列印樣式的展示視窗,該視窗中有印表機、紙張大小、列印配置等設定項目。

「預覽列印」功能

列印結果預覽

「列印」功能

如果對列印效果感到滿意，直接在「預覽列印」視窗上單擊「列印」按鈕，或返回PhotoImpact主視窗，執行「檔案－列印」功能，在顯示的「列印」視窗中設定列印份數、標題等等，最後單擊「確定」按鈕即可。

「列印」視窗

熟悉了影像檔案各種管理方法與技巧，將有助於您在整個設計過程中盡情發揮設計水準。

 學習評量

選擇題

1.(　)　另存影像檔時,可以按下下列哪一個快速鍵?

　　　(A)Ctrl+S　(B)Ctrl+Shift+S　(C)Ctrl+O　(D)Shift+S。

2.(　)　以下哪一個檔案格式可以儲存影像編輯過程中所產生的各種資訊,包括物件、圖層、陰影、填充等內容,並能開啟在PhotoImpact編輯?

　　　(A)jpg　(B)png　(C)ufo　(D)tif。

3.(　)　以下哪一種影像檔案格式常被使用於在印刷方面的應用上?

　　　(A)jpg　(B)png　(C)ufo　(D)tif。

4.(　)　需要有較好的壓縮比率、能儲存透明背景,且需要使用在網頁上時,以下哪一種影像格式最適合?

　　　(A)jpg　(B)png　(C)ufo　(D)tif。

5.(　)　透過下列哪一個快速鍵可以快速新增網頁檔案?

　　　(A)Ctrl+N　(B)Shift+A　(C)Ctrl+O　(D)Ctrl+Alt+S。

影像處理大全－
美化影像

3

PhotoImpact X3
實用 教學寶典

3-1　整體曝光與色彩光線

在前面的章節中已經提過，要拍攝出一張完美的相片並不是那麼容易的，若要修改一張有缺陷的影像時，只要使用PhotoImpact中的「快速修片」模式即可從「整體曝光」、「色彩彩度」、「焦距」、「美化皮膚」、「改善光線」等方面來快速編修相片。下面就透過實際的操作來體驗快速修片的強大功能。

> **重點掃描**
> ✦ 調整影像的整體曝光度
> ✦ 調整影像色彩彩度
> ✦ 調整影像的光線

整體曝光

在室內昏暗的燈光下所拍攝的照片，無論在亮度或對比度上都需要經過一番調整才能達到較貼近實物的效果，這時候可以使用「整體曝光」功能，快速為照片進行修正。此外，在對影像進行整體曝光的基礎上，還可以使用自訂的方式，來調整整張影像的亮度與對比度。

原始的影像　　影像進行整體曝光後的預視效果

「整體曝光」功能

可選擇的整體曝光效果

「自訂」功能

影像調整整體曝
光、亮度與對比
後的效果

影像可進行亮度
與對比度的設定

色彩彩度

「色彩彩度」是「快速修片」的另一項功能,其作用是快速調整影像色彩的色相、彩度和明亮度,使影像呈現出更佳的視覺效果。PhotoImpact提供了四種改善影像彩度的模式,可直接套用。此外,也可以自行定義影像的彩度。

原始的影像　影像調整色彩彩度後的預視效果

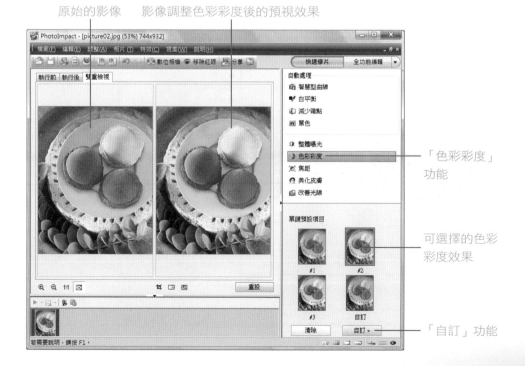

「色彩彩度」
功能

可選擇的色彩
彩度效果

「自訂」功能

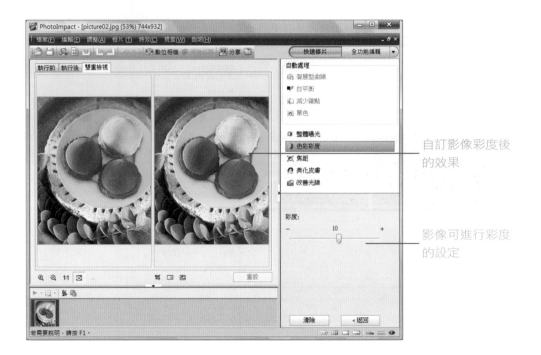

自訂影像彩度後
的效果

影像可進行彩度
的設定

改善光線

「快速修片」的另一個重要功能就是「改善光線」，透過此功能可以修正光線和閃光燈的錯誤，有效地修正相片。

原始的影像　　影像改善光線後的預視效果

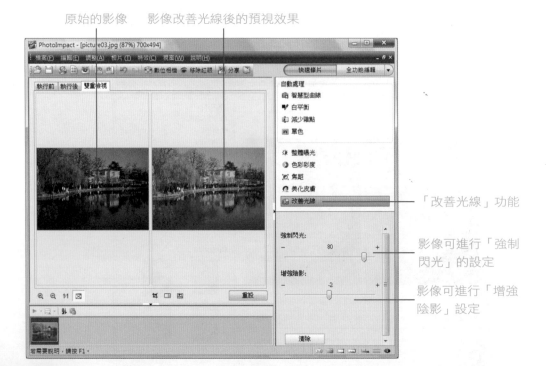

「改善光線」功能

影像可進行「強制閃光」的設定

影像可進行「增強陰影」設定

實例教戰－數位相片快速編修一

下面將透過對影像的快速編修，體會到PhotoImpact X3整體曝光度、色彩彩度及改善光線等強大的圖片編修功能。

原始影像

經過編修的影像

◎ 練習檔案：..\Example\Ex03\快速編修一.jpg
◎ 成果檔案：..\Example\Ex03\快速編修一_Ok.jpg

Step 1 切換至「快速修片」模式－切換至「快速修片」模式，準備進行影像編修。

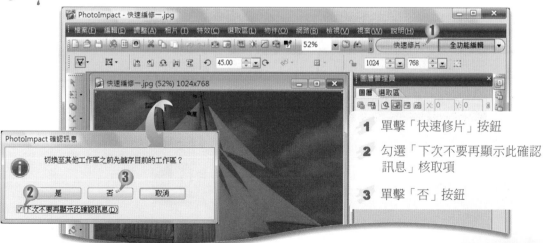

1 單擊「快速修片」按鈕

2 勾選「下次不要再顯示此確認訊息」核取項

3 單擊「否」按鈕

設定整體曝光-使用「整體曝光」功能調整影像曝光度,改善影像曝光不足的
問題。

1 單擊「整體曝光」按鈕

2 單擊「#1」項目

調整色彩彩度-自訂影像的彩度,使影像有著更為鮮明的色彩。

1 單擊「色彩彩度」按鈕

2 單擊「#3」項目

3 單擊「自訂」按鈕

4 設定彩度為「-38」

Step 4 改善光線－調整影像閃光強度,提高影像的亮度。

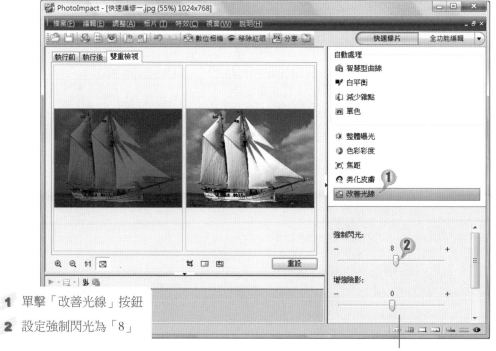

1 單擊「改善光線」按鈕

2 設定強制閃光為「8」

可為影像進行增強陰影效果設定

完成後，將處理後的影像儲存，即可得到如成果圖中所示的效果。

透過上面的學習，把一張模糊不清，色彩不好的影像修改為美觀的影像，您是不是覺得很神奇，這就是PhotoImpact X3在處理數位影像時的功能，接下來我們將學習更多的修片技巧。

3-2　白平衡與美化皮膚

出外郊遊、踏青時，在美麗的景點留下倩影是必然的，而人物一定是畫面的焦點，如果外面的環境不配合，或並非天生麗質，對於照片中的自己不滿意，那該怎麼辦呢？接下來將為您介紹幾種美化人像的編修技巧。

> **重點掃描**
> ❋ 自動調整影像的色彩對比效果
> ❋ 調整焦距呈現清晰的相片效果
> ❋ 改善影像中人物的皮膚

白平衡

PhotoImpact中的「白平衡」功能可以移除相片拍攝時由於衝突光源和不正確的相機設定所造成的錯誤色偏，藉此還原影像的自然色溫。其中「自動」項目可以自動計算適合影像整體色彩的合適白點；「挑選色彩」項目可以以手動的方式來選取影像中的白點，白平衡預設有「燈泡」、「日光燈」、「日光」、「多雲」、「陰影」和「陰暗」等多個色溫，它們透過比對特定的光線狀況，自動選取白點。

其他如「溫度」項目是用以指定光源的色溫，以 Kelvin（K）為單位。在「視覺效果屬性」項目中可以設定敏感度與周圍光線的強度。此外，還可以對影像中的紅色、綠色、藍色等色調進行微調。

原始影像效果   影像進行白平衡設定後的效果

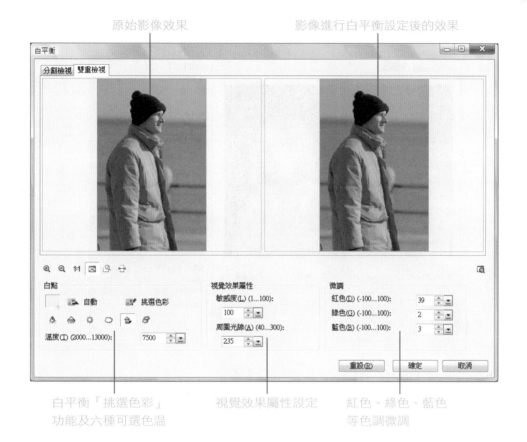

白平衡「挑選色彩」   視覺效果屬性設定   紅色、綠色、藍色
功能及六種可選色溫   等色調微調

美化皮膚

在「美化皮膚」視窗中可以先於影像中單擊指定要處理的皮膚顏色，然後選擇合
適的皮膚樣式，最後設定調整程度數值。

皮膚色調：選取需要柔化的皮膚色彩與調整皮膚的平滑程度。

樣式：選取最接近影像中的皮膚色調，其中包括「古銅色、蒼白、黝黑、白皙、
曬紅」等五個預設樣式，還可以調整套用至影像的程度。

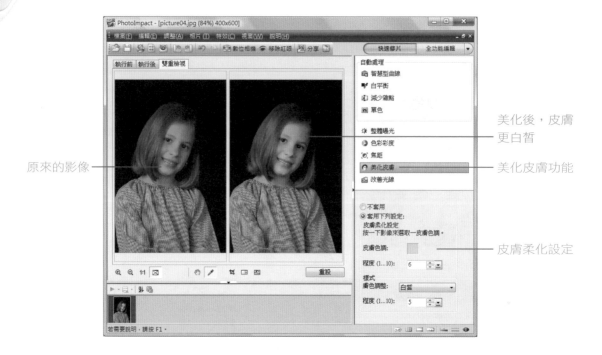

美化後，皮膚
更白皙

美化皮膚功能

皮膚柔化設定

原來的影像

實例教戰－數位相片快速編修二

下面將透過「快速修片」模式中的「白平衡」、「焦距」和「美化皮膚」三個功能，讓您體會到美化影像的效果。

編修後的影像效果

尚未編修的影像

◎ 練習檔案：..\Example\Ex03\快速編修二.jpg

◎ 成果檔案：..\Example\Ex03\快速編修二_Ok.jpg

Step 1 調整色彩對比－使用「白平衡功能」對影像色系進行微調，並改善影像的色彩對比。

① 相片－色彩－白平衡

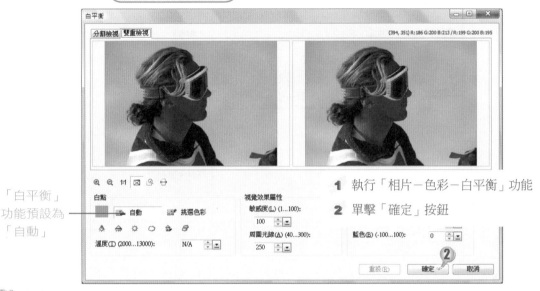

「白平衡」
功能預設為
「自動」

1 執行「相片－色彩－白平衡」功能

2 單擊「確定」按鈕

Step 2 調整焦距－設定影像的焦距，使影像更為清晰。

1 單擊「快速修片」按鈕

2 單擊「焦距」按鈕

3 單擊「自訂」按鈕

♣️ 接下頁 ♣️ ♣️

4　設定焦距為「1」

5　單擊「返回」按鈕

Step 3　美化皮膚－重新調整人物的膚色，使其有著古銅色的健康膚色之美。

1　單擊「美化皮膚」按鈕

2　選擇「套用下列設定」選項

3　單擊展開「膚色調整」下拉選單，執行「古銅色」功能

4　設定程度為「5」

可進行影像中人物件的皮膚色調調整及其程度的設定

美化皮膚前的預視效果　　美化皮膚後的預視效果

　　透過本節的學習，您是否已經學會如何美化皮膚了呢？往後拍攝的人像作品若不是很滿意，就可透過「美化皮膚」來使影像變得更加美麗。下面將教您為影像變更色彩。

3-3 藝術影像

如果想將一張照片變成像一幅畫一樣，這時候就
可以利用PhotoImpact X3的「暖色系」、「卡通」和
「點畫」等功能，轉化成手繪畫的形式展現給別人，
或是製作出像言情小說封面般的人物，也很有趣哦！

暖色系

暖色系包括紅紫、紅、紅橙、橙、黃橙等多種；冷色系包括黃綠、綠、藍綠、
藍、藍紫等多種；還有介於暖色系和冷色系的顏色：黃、紫。執行「特效－光線－暖
色系」功能，即可開啟「暖色系」視窗，選擇需要暖色系即可。此外，也可以透過自
訂的方式，自行選擇色彩類別，然後再進行程度的設定。進行冷色系設定的方法也與
此類似。

「暖色系」視窗
提供的多種色系

自訂色系參數後的影像效果

原始的影像

色彩類別選擇

色彩程度設定

點畫

使用「點畫」功能，可以使影像以不同的材質來表現，以產生風格各異的藝術畫效果。執行「特效－藝術－點畫」功能，即可開啟「點畫」視窗，在該視窗中可以為影像選擇材質、材質大小、濾鏡、點畫色彩、描邊、底框等設定。其中，濾鏡功能主要用來設定影像的亮度與對比度；「點畫色彩」可以自訂，也可以將來源影像中的色彩作為點畫色彩；「描邊」功能可對影像中物件以所定義的描邊色彩進行勾勒；「底框」則可以設定影像的背景色彩。

實例教戰－藝術影像

下面將透過對影像模式的轉變，熟悉「暖色系」、「卡通」和「點畫」的應用，以及這三個功能為我們帶來什麼樣的藝術影像效果。

經過處理的影像

沒有經過處理的影像

◎ 練習檔案：..\Example\Ex03\藝術影像.jpg
◎ 成果檔案：..\Example\Ex03\藝術影像_Ok.jpg

Step 1 設定暖色系－為影像選取適合的暖色調，使影像別有一番風味。

特效－光線－暖色系

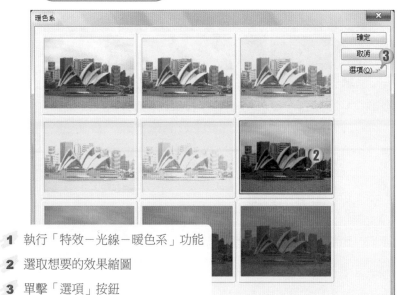

1 執行「特效－光線－暖色系」功能
2 選取想要的效果縮圖
3 單擊「選項」按鈕

接下頁

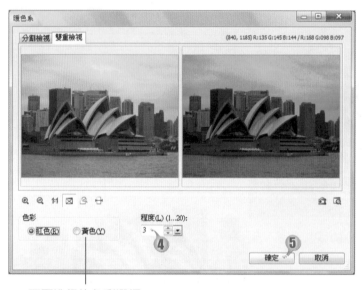

可再進行的色彩選擇

4 設定程度為「3」

5 單擊「確定」按鈕

Step 2 使用卡通效果－為影像設定卡通效果，使影像在細微處更為平滑。

特效－藝術－卡通

1 執行「特效－藝術－卡通」功能

2 設定細節為「43」

3 單擊「確定」按鈕

Step 3 設定「點畫」效果－為影像設定點畫效果，使影像具手繪的藝術效果。

1 執行「特效－藝術－點畫」功能

2 選取材質

3 選擇「來源影像」選項

4 勾選「描邊」核取項

5 設定厚度為「3」

6 單擊「確定」按鈕

　　透過「暖色系」、「卡通」和「點畫」三種功能，可以讓影像看起來像是水彩畫的感覺。除了可以把照片變成看上去有水彩畫的感覺，還可以製作出懷舊照片的效果，下一節將介紹如何製作懷舊照片。

3-4 懷舊照片

　　泛黃的照片訴說著往昔的回憶，要如何才能複製出這樣的感覺呢？不需要將照片在土裏埋一年，也不需要將照片刮得亂糟糟的，只要使用PhotoImpact X3中的小小功能，就能讓這些照片擁有老味道。

> **重點掃描**
> ✤ 調整影像的色彩效果
> ✤ 製作手指畫的效果
> ✤ 為影像設定邊框
> ✤ 製作懷舊相片

色相與彩度

　　「色相與彩度」功能可以依據「色相」、「彩度」與「明亮度」三個項目來調整影像的色彩效果。下面分別介紹這三個項目的含義：

色相：指影像的色彩效果，拖曳滑動桿或輸入數值皆可變更影像的色彩效果。

彩度：指影像中色彩的濃度，彩度越高，色彩越艷麗。

明亮度：指影像色彩呈現的亮度，亦可用來改善影像的曝光問題。

原始影像效果

色相與彩度參數設定

設定色彩與彩度後的影像效果

手指畫

若要製作自然又有動感的動態影像效果，可執行「相片－藝術－手指畫」功能，開啟「手指畫」視窗來對影像進行處理。動感手指畫是使用手指，而非筆刷將顏料塗到底框上的繪圖方式。其自然、有趣的效果，是製作藝術影像畫的常用手法。

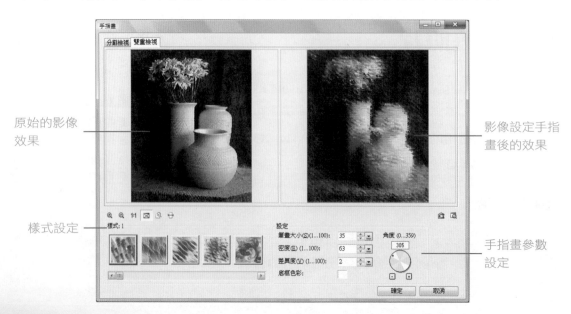

原始的影像效果

影像設定手指畫後的效果

樣式設定

手指畫參數設定

相片邊框

　　為了美化影像，增強其藝術效果。我們可以為相片或影像作品加入邊框，只要執行「相片－相片邊框」功能即可開啟「相片邊框」視窗，這裏提供了多個預設樣式，其中包括「相片邊框（2D）」、「相片邊框（3D）」、「邊緣邊框圖庫」、「神奇邊框」與「典雅邊框」五大相框樣式。

　　除了可以設定邊框的寬度外，還可為邊框填充單色、漸層色彩與材質。在「形狀」縮圖中列出了許多的邊框樣式可供套用。

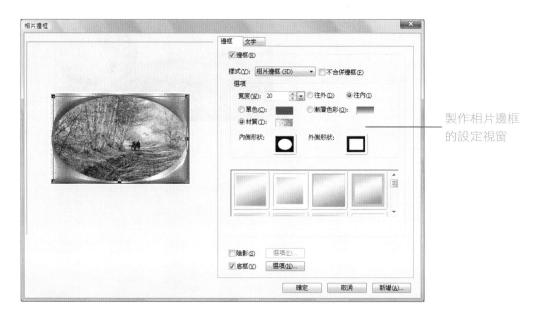

製作相片邊框
的設定視窗

實例教戰－懷舊照片

　　下面將透過「全功能編輯」模式為一張新照片進行編修，以製作出濃濃懷舊風格的老照片。

製作成的懷舊照片

原本的照片

◎ 練習檔案：..\Example\Ex03\懷舊照片.jpg
◎ 成果檔案：..\Example\Ex03\懷舊照片_Ok.jpg

Step 1 添加一個圖層－透過右鍵功能選單，再製圖層。

1 在「圖層管理員」中的「基底影像」上單擊右鍵，執行「再製」功能

Step 2 調整色相與彩度－為影像設定色相、彩度和明亮度，改變影像的原始色彩。

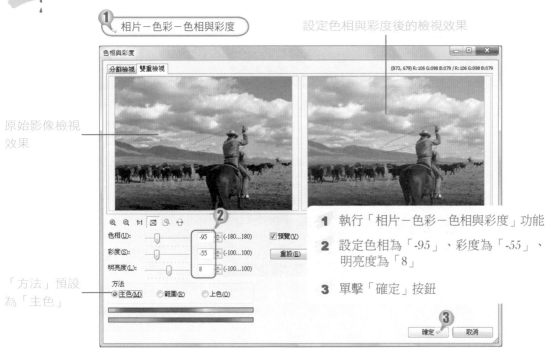

① 相片－色彩－色相與彩度

設定色相與彩度後的檢視效果

原始影像檢視
效果

「方法」預設
為「主色」

1 執行「相片－色彩－色相與彩度」功能

2 設定色相為「-95」、彩度為「-55」、
明亮度為「8」

3 單擊「確定」按鈕

Step 3 設定手指畫效果－為影像設定手指畫的效果，使影像具有動感。

① 特效－藝術－手指畫

1 執行「特效－藝術－手指畫」
功能

2 選擇「樣式4」選項

3 設定筆畫大小為「14」，密度
為「100」，差異度為「1」

4 單擊「確定」按鈕

套用「手指
畫」效果

Step 4 設定圖層選項－將兩個圖層重疊，使背景影像有手指畫的效果。

1 單擊展開「合併」下拉選單，執行「重疊」功能

2 選擇基底影像圖層

Step 5 設定相片邊框－為相片套用內建的邊框，使其有懷舊的邊框效果。

檔案－分享－相片邊框

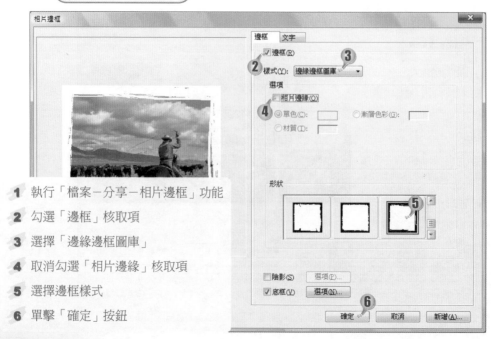

1 執行「檔案－分享－相片邊框」功能

2 勾選「邊框」核取項

3 選擇「邊緣邊框圖庫」

4 取消勾選「相片邊緣」核取項

5 選擇邊框樣式

6 單擊「確定」按鈕

Step 6 調整色相與彩度－為影像設定色相與彩度，為影像加上一層懷舊感的灰色。

相片－色彩－色相與彩度

1 執行「相片－色彩－色相與彩度」功能

2 設定色相為「-110」，彩度為「-85」，明亮度為「0」

3 選擇「上色」選項

4 單擊「確定」按鈕

這樣就製作完成了一張懷舊照片，這次用的是「手指畫」效果，其實還有許多其他效果可供利用，只要在製作懷舊照片時特別注意色彩的搭配和明亮度的選擇，相信一定能自行製作出效果更佳的老照片。

3-5 模擬黃昏拍攝效果

如果PhotoImpact X3只能用於修復照片或美化照片，那未免太小看了這套軟體。其實除了上述功能外，還可以進行場景的模擬，例如將白天的場景模擬成黃昏的場景。您是否覺得很神奇呢？本節就將教您如何來模擬兩個完全不同的場景。

重點掃描
❊ 調整相片的清晰度
❊ 調整相片的亮度與對比度
❊ 改善相片的主色彩
❊ 為相片增加漸層效果的色彩

亮度與對比

　　亮度是指相片的光線強度而對比就是影像中各種色彩所表現的強弱程度。當相片中的顏色過於黯淡時，可以使用「亮度與對比」視窗進行修復。它不但可以透過輸入數值來調整相片的「亮度」、「對比」、「γ值」、「縮圖差異度」等屬性，還可以直接單擊九個預設縮圖來修復影像效果。

可在此預覽
調整效果

在此輸入數值
改善影像光線

雙色

　　執行「相片－增強－雙色」功能，可以開啟「雙色」視窗，然後可依據填充色彩方塊所指定的兩種色彩，將漸層填充套用至影像中。此方法常用於為影像變換顏色，如將春季的影像變換為秋季的影像等。

設定雙色後的影像效果

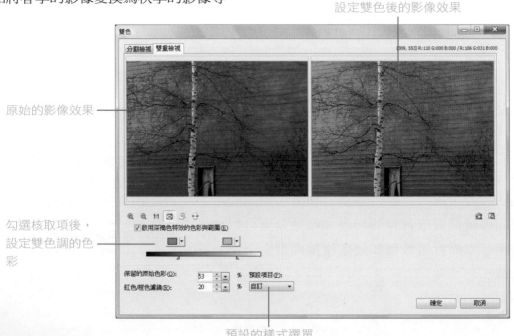

原始的影像效果

勾選核取項後，
設定雙色調的色
彩

預設的樣式選單

實例教戰－模擬場景一

下面將示範如何把一個白天的草原場景模擬成另外一個黃昏時分的草原場景。

原始的圖片為大白天

模擬場景的效果為黃昏

◎ 練習檔案：..\Example\Ex03\模擬場景一.jpg
◎ 成果檔案：..\Example\Ex03\模擬場景一_Ok.jpg

Step 1 調整清晰度－以自訂的方式調整影像的清晰度。

相片－清晰－清晰

1 執行「相片－清晰－清晰」功能

2 選擇第3個縮圖

3 單擊「選項」按鈕

接下頁

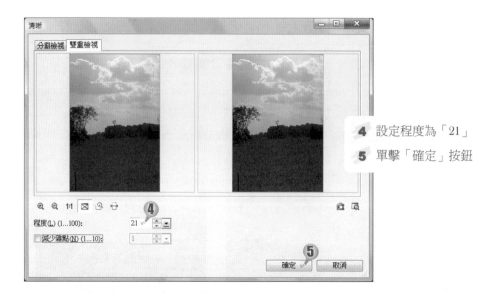

4 設定程度為「21」

5 單擊「確定」按鈕

Step 2 調整亮度與對比度－調整影像的亮度與對比度，使影像效果最佳。

① 相片－光線－亮度與對比

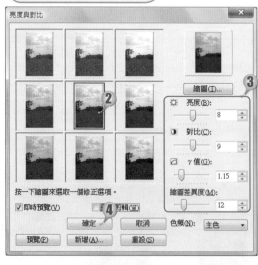

1 執行「相片－光線－亮度與對比」功能

2 選擇第5個縮圖

3 設定亮度為「8」、對比為「9」、γ值為「1.15」、縮圖差異度為「12」

4 單擊「確定」按鈕

Step **3** 改善色彩－使用相片增強功能將影像主色彩由綠色調整為金黃色。

相片－增強－雙色

1 執行「相片－增強－雙色」功能

2 勾選「啟用深褐色特效的色彩與範圍」核取項

3 單擊左邊的色塊，設定顏色為「#B7770D（深褐色）」

4 單擊右邊的色塊，設定顏色為「#F7BC5B（淺褐色）」

5 拖曳左邊的滑動桿設定深色的範圍，拖曳右邊的滑動桿設定淺色的範圍

6 單擊「確定」按鈕

Step **4** 複製圖層－再製一個基底圖層，準備設定漸層效果。

1 在「基底影像」圖層上單擊右鍵，執行「再製」功能

上一步驟影像設定雙色後的效果

Step 5 設定漸層效果－為再製的影像設定褐色至白色的漸層效果。

1 選擇「 線性漸層填充工具」

2 選擇「雙色」選項並單擊右邊的色塊，分別設定雙色色彩為「#772B1A（褐色）」、「#FFFFFF（白色）」

3 由左下角至右上角拖曳填充漸層雙色

Step 6 圖層重疊－將設定了雙色漸層效果的圖層與基底圖層進行重疊，製作出更為真實的黃昏效果。

1 單擊展開「合併」選單，選擇「重疊」選項

經由以上的教學，要模擬出任何的場景應該都不難了吧！在模擬的過程中一定要注意色彩的搭配，因為不當的色彩配置，會讓畫面看起來不夠真實。

3-6 模擬月夜拍攝效果

經過前一節的學習，對場景的模擬應該有了基本的認知與瞭解，下面我們進一步把白天的場景模擬成夜晚的場景，並且在場景中加上新的物件－月亮，使這個場景更加逼真。

重點掃描
+ 調整影像的亮度對比度
+ 在影像中增加一個月亮物件
+ 在影像加入雲層的自然效果

新增月亮

新增月亮的作用顧名思義就是在影像中從無到有增加一個月亮物件。執行「相片－增強－新增月亮」功能，即可開啟「新增月亮」視窗，然後可在影像縮圖調整月亮的位置、選擇半圓或圓形等七種不同形狀的月亮階段。在「表面」項目下可以設定月亮的顏色。此外，還可以對月亮的「半徑」、「光暈」、「柔和度」、「亮度」及「旋轉」等進行相應的設定，使加入的月亮物件與影像更融合。

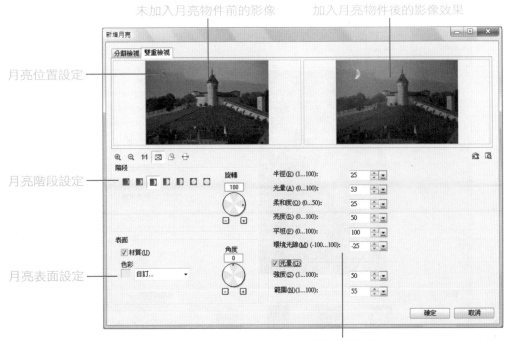

未加入月亮物件前的影像　　　加入月亮物件後的影像效果

月亮位置設定

月亮階段設定

月亮表面設定

月亮參數設定

顆粒特效

　　「顆粒特效」可加入逼真的火焰、煙霧、雪花和其他自然效果到您的影像內。每個顆粒都有它自己的屬性，並且可以自行修改。百寶箱內的顆粒圖庫也提供可直接套用到影像內的預設顆粒特效。執行「特效－創意特效－顆粒特效」功能，可開啟「顆粒特效」視窗，在「基礎」籤頁中可設定顆粒密度、長度等參數；而在「進階」籤頁中可設定顆粒的速度、風向等。

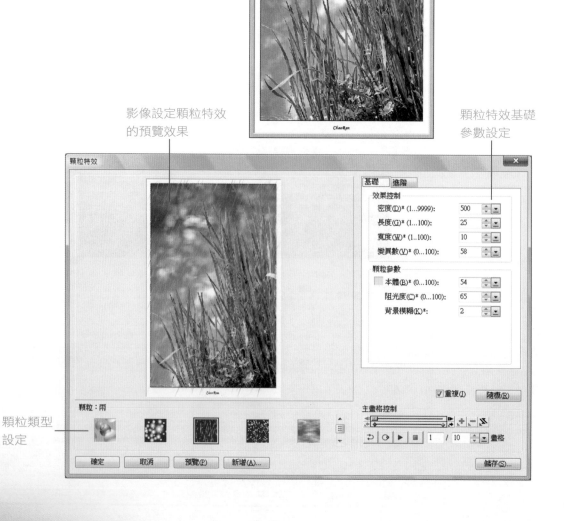

原始影像效果

影像設定顆粒特效
的預覽效果

顆粒特效基礎
參數設定

顆粒類型
設定

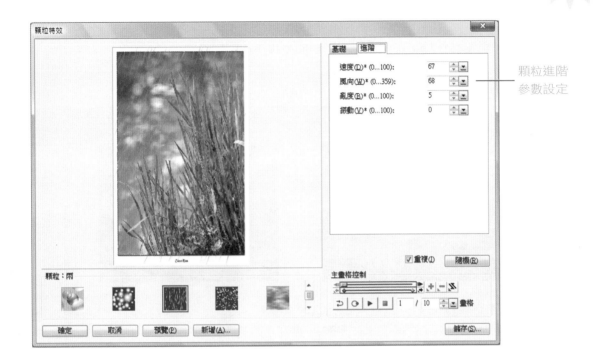

實例教戰－模擬場景二

　　下面將示範如何利用月亮特效與影像編修工具來將白天的場景轉換為有月亮的夜晚場景。

原始圖片　　　　　　　　　　變換為晚上的場景

◎ 練習檔案：..\Example\Ex03\模擬場景二.jpg
◎ 成果檔案：..\Example\Ex03\模擬場景二_Ok.jpg

Step 1 調整白平衡－設定影像敏感度與周圍光線，微調影像的色彩對比。

① 相片－色彩－白平衡

1 執行「相片－色彩－白平衡」功能

2 設定敏感度為「100」，周圍光線為「210」

3 單擊「確定」按鈕

視覺效果屬性
敏感度(L) (1...100):
100
周圍光線(A) (40...300):
210 ②

微調
紅色(D) (-100...100): 0
綠色(G) (-100...100): 0
藍色(B) (-100...100): 0

重設(R)　確定 ③　取消

Step 2 設定亮度與對比度－調整影像的亮度與對比度，使影像有夜晚拍攝的效果。

① 相片－光線－亮度與對比

縮圖(T)... ②
☼ 亮度(B): -12
◐ 對比(C): 2
γ值(G): 1.00
縮圖差異度(M): 12

按一下縮圖來選取一個修正選項。
☑ 即時預覽(V)　□ 調整編輯(W)
確定 ③　取消
預覽(P)　新增(A)...　重設(S)
色頻(N): 主色

1 執行「相片－光線－亮度與對比」功能

2 設定亮度為「-12」、對比為「2」

3 單擊「確定」按鈕

Step 3 新增月亮－為影像增加一個月亮並設定其相關參數，使新增的月亮與影像融為一體。

調整月亮位置
的結果

1 執行「相片－增強－新增月亮」功能

2 拖曳左側縮圖中的紅圈至左上角

3 選擇月亮階段

4 設定旋轉為「132」

5 設定色彩為「#FFFF00（黃色）」

6 設定月亮的參數

7 勾選「光暈」核取項，設定強度為
「25」，範圍為「74」

8 單擊「確定」按鈕

Step 4 設定顆粒特效－設定「雲」狀的顆粒特效，使影像中的天空有雲層的自然效果。

① 特效－創意特效－顆粒特效

1 執行「特效－創意特效－顆粒特效」功能

2 選擇「雲」選項

3 設定效果控制參數

4 設定顆粒參數

Step 5 調整雲層位置－重新調整加入的「雲」顆粒的位置，使其更自然。

1 拖曳移動顆粒至合適的位置

2 單擊「確定」按鈕，執行「將目前畫格的特效套用至影像」功能

用同樣的方法調整其他顆粒位置後即可得到如成果圖所示的效果。

補給站

在「顆粒特效」視窗中勾選「框架」核取項，則軟體會以虛線方形框的方式框出所有顆粒的位置，方便檢視影像顆粒的位置並進行調整。

影像中所有的顆粒

勾選「框架」核取項可設定以虛線
方形框的方式框出所有顆粒的位置

透過這兩節關於模擬場景的學習，相信您一定掌握了場景模擬的技巧，如果以後遇到要變換場景，又沒有這樣的場景素材可利用時，就可以自己動手來進行場景的模擬了。

3-7 影像修復

前面學習了「快速修片」工具的使用方法，本節將針對數位相片中的一些常見問題，進行有關相片編修與美化技巧的學習，讓您輕輕鬆鬆地將自己喜愛的相片修繕到最完美的地步。

重點掃描
* 去除影像中紅眼現象
* 去除影像中的雜點

移除紅眼

透過「移除紅眼」功能，可以依據紅眼的程度，設定對應的程度參數，透過拖曳選取紅眼區域的方式移除相片中的紅眼問題，此外還可以移除黃眼與綠眼。

「移除紅眼」
的相關設定

補給站

「 🔍 拉近」按鈕可以在預覽視窗中提高放大效果；「 🔍 拉遠」按鈕可以在預覽視窗中降低放大效果；「 ✋ 平移影像」按鈕可以在預覽視窗中，按下並拖曳滑鼠，調整顯示區域；「 ▣ 建立選取區」按鈕可以在預覽視窗中拖曳選擇影像中要修正的區域。

修容工具

編修工具主要用於編修與美化影像，其中包括「移除紅眼」、「調亮」、「調暗」、「模糊」、「清晰」、「色調調整」、「抹糊」、「彩度」、「變形」、「硬毛塗糊」、「移除刮痕」、「移除雜點」、「色彩轉換筆」、「彩色筆」等十四種工具。下面簡述各種編修工具的主要用途：

移除紅眼：移除由相機閃光燈所造成的「紅眼」效果，以及動物的「黃眼」及「綠眼」效果。

調亮：可以增加相片色彩亮度，同時對比度亦會增加。

調暗：可以降低相片色彩亮度，同時對比度亦會減低。

模糊：可以增加相片的模糊程度，使套用的區域變成失去焦距的效果。

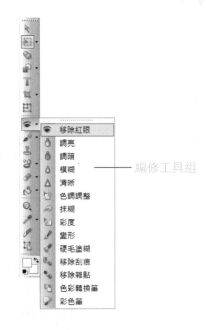
編修工具組

清晰：可以增加相片內容的銳利化程度，使之更加清晰、線條更加明顯。

色調調整：依據選擇的預設屬性，將區域內的色彩調亮、調暗或增加彩度。

抹糊：以塗抹的方式模糊相片，可以產生利用手指在影像上塗抹的效果，使影像變得更柔和。

彩度：可以調整影像中的色彩效果，其中「單色」與「蒼白」可以降低相片彩度；「高彩度」則可增加相片彩度。

變形：依據滑鼠拖曳的方向讓相片產生扭曲變形效果，其中包括「無」、「細緻變形」、「強烈變形」三個預設項目。

硬毛塗糊：透過扭曲變形的方式使相片模糊。

移除刮痕：將影像中的污點與相鄰的像素混合，可清除相片的刮痕，以修補相片中多餘的污點及線條。

移除雜點：透過抹糊方式，將相鄰的像素塗到影像的雜點上來將它覆蓋。多用於清除相片中的黑點、黴點等雜點。使用方法與「移除刮痕」相似。

色彩轉換筆：可以將相片中指定的某種色彩取代成其他色彩。

彩色筆：可以為影像塗上選定的色彩，可設定筆刷形狀、透明度及柔邊等。

實例教戰－影像修復

下面將示範如何移除在夜晚或光線較暗的環境下，由於閃光燈的光線反射所造成眼睛出現紅點的問題，並美化影像。

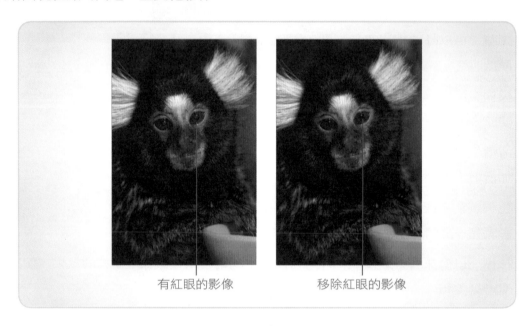

有紅眼的影像　　　　　　移除紅眼的影像

◎ 練習檔案：..\Example\Ex03\影像修復.jpg
◎ 成果檔案：..\Example\Ex03\影像修復_Ok.jpg

Step 1　移除紅眼－開啟「移除紅眼」視窗，選取「紅眼」範圍，移除影像中的紅眼。

① 相片－移除紅眼

1 執行「相片－移除紅眼」功能

2 選擇「紅色」選項

3 拖曳選取「紅眼」範圍，直至紅眼消失

4 單擊「確定」按鈕

Step 2 減少雜點－減少相片中的雜點，使影像更清晰。

① 相片－雜點－減少雜點

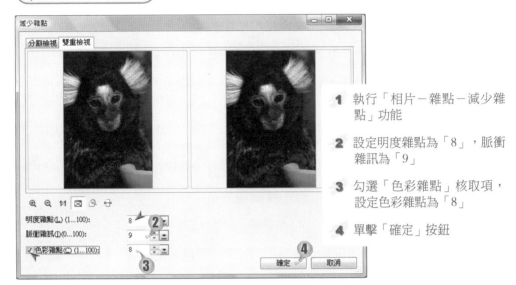

1 執行「相片－雜點－減少雜點」功能

2 設定明度雜點為「8」，脈衝雜訊為「9」

3 勾選「色彩雜點」核取項，設定色彩雜點為「8」

4 單擊「確定」按鈕

　　如此一來，整張影像就變得更美了。去除紅眼可以說是最基本的影像編修技法，因為這樣的問題可以說是經常發生，尤其是一般平價的數位相機所拍攝出來的照片，所以學會此方法後，照片中的人就不會再有著一雙恐怖的紅眼了。

學習評量

選擇題

1.(　) 下列哪一項不屬於「快速修片」中的選項？

(A) 整體曝光　(B) 去除紅眼　(C) 焦距　(D) 色彩彩度。

2.(　) 下列哪一個選項不是編修工具組中「彩度」的預設項目？

(A) 單色　(B) 雙色　(C) 蒼白　(D) 高彩度。

3.(　) 下列哪一個不屬於編修工具？

(A) 色調調整　(B) 塗抹　(C) 移除刮痕　(D) 修容工具。

4.(　) 下列哪一種功能可以修正模糊和失焦的相片？

(A) 清晰　(B) 雙色　(C) 整體曝光　(D) 主題曝光。

5.(　) 下列屬於PhotoImpact X3預設相片邊框樣式的是？

(A) 邊緣邊框圖庫　(B) 神奇邊框　(C) 典雅邊框　(D) 以上皆是。

實作題

牛刀小試－基礎題

1. 若影像能使用一些藝術化方法進行美化，則可以一改原來普通的視覺效果，呈現出不同風貌的美感。請使用「暖色系、水彩、彩色筆」等功能，將影像製作成有水彩效果的藝術畫。

—— 原始的影像效果

—— 影像的水彩效果

◎ 練習檔案：..\Example\Ex03\Practice\水彩效果.jpg
◎ 成果檔案：..\Example\Ex03\Practice\水彩效果_Ok.jpg

提示：

a. 執行「特效－光線－暖色系」功能，在開啟的「暖色系」視窗中選取第六個效果縮圖，接著單擊「選項」按鈕，在開啟的另一個「暖色系」視窗中設定程度為「2」，最後單擊「確定」按鈕。

b. 執行「特效－藝術－水彩」功能，在開啟的「水彩」視窗中選擇第六個效果縮圖，接著單擊「選項」按鈕，在開啟的另一個「水彩」視窗中選擇「大」選項，設定濕度為「67」，最後單擊「確定」按鈕。

c. 執行「特效－藝術－彩色筆」功能，在開啟的「彩色筆」視窗中設定「程度」為「11」，最後單擊「確定」按鈕。

大顯身手－進階題

1. 若影像總是在同樣的環境中進行拍攝，時間長了難免讓人乏味。請用本節所學習模擬場景的方法，將影像變換成黃昏拍攝的效果。

原始的影像效果

影像模擬成黃
昏場景的效果

◎ 練習檔案：..\Example\Ex03\Practice\模擬場景.jpg
◎ 成果檔案：..\Example\Ex03\Practice\模擬場景_Ok.jpg

提示：

a. 執行「相片－光線－亮度與對比」功能，在開啟的「亮度與對比」視窗中選擇第
5個縮圖，設定亮度為「8」、對比為「9」、γ值為「1.15」，最後單擊「確定」
按鈕。

b. 執行「相片－增強－雙色」功能，在開啟的「雙色」視窗中勾選「啟用深褐色
特效的色彩與範圍」核取項，單擊左邊的色塊，設定顏色為「#C78617（深褐
色）」，接著單擊右邊的色塊，設定顏色為「#F7BC5B（淺褐色）」，然後拖曳左
邊的滑動桿設定深色的範圍，拖曳右邊的滑動桿設定淺色的範圍，最後單擊「確
定」按鈕。

c. 在「基底影像」圖層上單擊右鍵，執行「再製」功能，再製一個基底圖層，準備
設定漸層效果。

d. 選擇「 線性漸層填充工具」，在工具列上選擇「雙色」選項並分別設定雙色色彩
為「#9C4B39（褐色）」、「#FFFFFF（白色）」，由影像正下方中間位置至影像中
間位置拖曳填充漸層雙色，為再製的影像設定褐色至白色的漸層效果。

e. 單擊展開「合併」選單，選擇「重疊」選項，將設定了雙色漸層效果的圖層與基
底圖層進行重疊，製作出更為真實的影像黃昏效果。

愛護動物 –
野鳥保育海報製作

4

製作海報背景
　　路徑繪圖工具：繪製並編輯圖形
　　材質濾鏡：為影像設定特效
　　填充影像：套用資料庫影像

美化主題物件
　　擷取物件：從素材影像中擷取物件
　　相片邊框：為插入的物件設定相片邊框

特色Logo製作
　　漸層填充：為Logo文字設定漸層填充效果
　　文字：設定文字的特效

設計標題文字
　　環繞：為標題文字設定環繞效果

排版內文
　　分割：將文字分割成單字

4-1 製作海報背景

　　日常生活中隨處看得到海報的身影，其主要的訴求不外乎將訊息在最短時間內傳達到觀眾的腦海中，所以一般設計上會以圖像為主，文字為輔；並且色彩的搭配也是決定一張海報成敗的關鍵。利用 PhotoImpact的「路徑繪圖工具」與填充功能，再加上自己的一點巧思，即可繪製出千變萬化的形狀，再

┌─────────────────────┐
　　　　　重點掃描
* 利用路徑繪圖/編輯工具
　繪製背景圖形
* 利用材質濾鏡為影像設
　定特效
* 套用資料庫影像
└─────────────────────┘

佐以色彩的調配，即可將您的巧思發揮得淋漓盡致。此外，還可以直接套用資料庫中所提供的影像，只要簡單的處理即可完成內容豐富的海報。

路徑繪製/編輯

　　「 路徑繪圖工具」除了可以用來繪製各種圖形，如矩形、橢圓形、圓角矩形、正方形、圓形等規則圖形外，還可以繪製任意形狀的圖形。

　　「路徑編輯工具」可以用來調整各種圖形的形狀，當執行了編輯路徑的功能後，只要調整圖形上的節點和控點，就可以根據實際情況來調整圖形的大小和形狀。

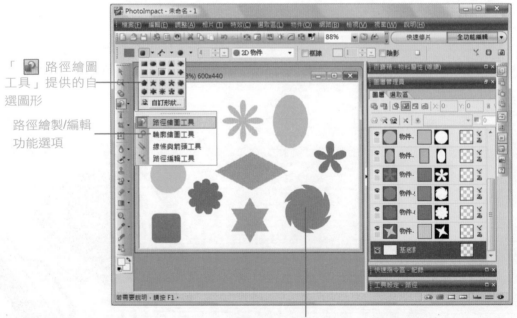

「 路徑繪圖工具」提供的自選圖形

路徑繪製/編輯功能選項

利用「 路徑繪圖工具」繪製的圖形

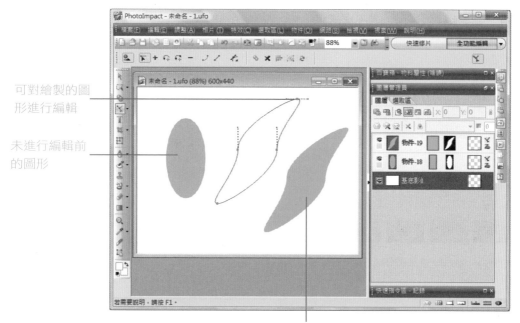

可對繪製的圖形進行編輯

未進行編輯前的圖形

進行編輯後的圖形

材質濾鏡

在「材質濾鏡」對話方塊中可以為圖形設定各種特效，如半透明玻璃特效、浮雕特效、輪廓線特效等。同時各種特效還配合有多種材質影像，讓圖形呈現出各種不同的特殊效果。

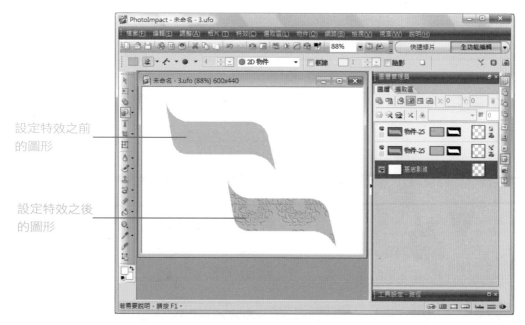

設定特效之前的圖形

設定特效之後的圖形

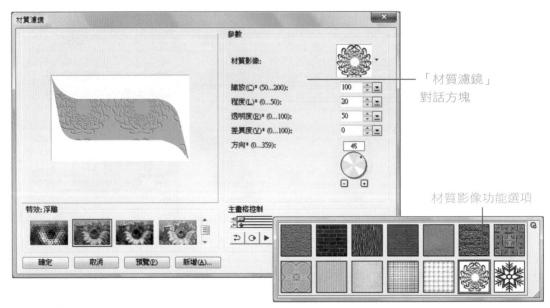

「材質濾鏡」
對話方塊

材質影像功能選項

填充影像

　　PhotoImpact的資料庫中內建了各種影像，可以直接套用。開啟「百寶箱」面板，其中提供了「圖庫」和「資料庫」兩類影像。「圖庫」包含了許多影像編輯與處理的方法；「資料庫」包含了許多影像物件，這些影像物件根據屬性分為「全部」、「建築」、「慶典」、「大自然」、「特殊」、「文具」、「符號」、「圖示」等類別，透過「資料庫」，可以加入如相機、飛機、音樂符號、水杯等多種特殊圖形。

「百寶箱」面板

「資料庫」中的
物件類別

從「資料庫」中插入的影像

實例教戰－製作海報背景

　　下面將透過「路徑繪圖/編輯」功能，繪製背景圖形，然後在「材質濾鏡」對話方塊中，為背景設定「半透明玻璃」的特效，最後加入「資料庫」中的影像，並設定影像的陰影效果。

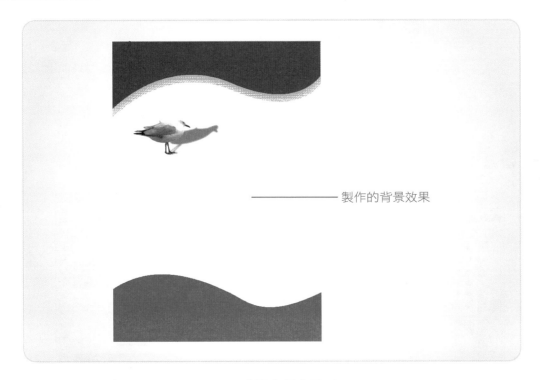

——————————— 製作的背景效果

◎ 練習檔案：..\Example\Ex04\製作海報背景.ufo
◎ 成果檔案：..\Example\Ex04\製作海報背景_Ok.ufo

Step 1 設定路徑色彩－將影像設定為紅色，作為背景色彩。

1 選擇「 🖥️ 路徑繪圖工具」
2 單擊色塊

🐾接下頁 🐾 🐾

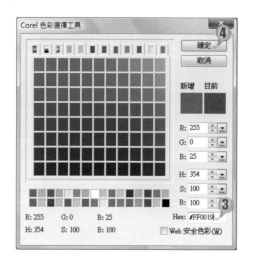

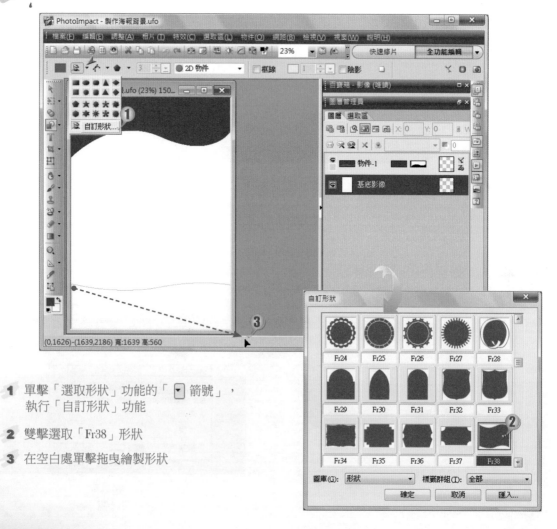

3 設定色彩為「#FF0019
（紅色）」

4 單擊「確定」按鈕

Step 2 繪製形狀－以自訂形狀的方式，繪製一波浪形的形狀，作為背景元素之一。

1 單擊「選取形狀」功能的「 ▼ 箭號」，
執行「自訂形狀」功能

2 雙擊選取「Fr38」形狀

3 在空白處單擊拖曳繪製形狀

4-6

Step 3

編輯路徑－以手動方式，調整背景圖形的形狀大小，使其更美觀。

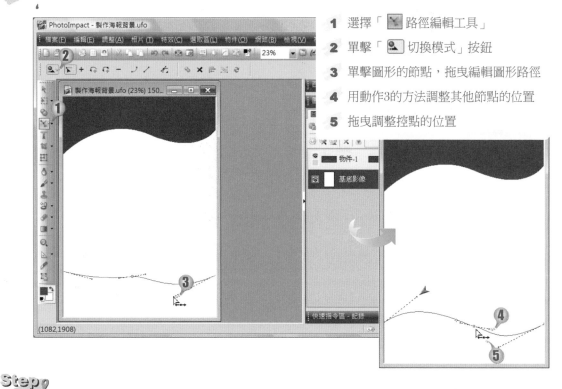

1 選擇「 路徑編輯工具」

2 單擊「 切換模式」按鈕

3 單擊圖形的節點，拖曳編輯圖形路徑

4 用動作3的方法調整其他節點的位置

5 拖曳調整控點的位置

Step 4

再製圖像－再製背景中另一藍色影像，準備製作有層次感的影像效果。

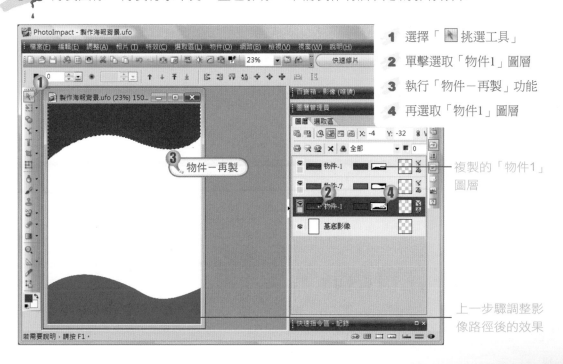

1 選擇「 挑選工具」

2 單擊選取「物件1」圖層

3 執行「物件－再製」功能

4 再選取「物件1」圖層

複製的「物件1」
圖層

上一步驟調整影
像路徑後的效果

Step 5 填充色彩－為原來的影像填充另一種色彩，準備製作半透明的玻璃效果。

① 編輯－填充

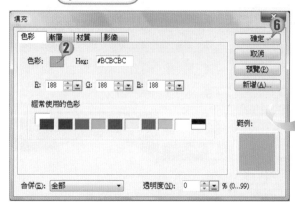
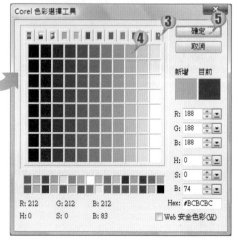

1 執行「編輯－填充」功能

2 單擊「色彩」色塊

3 單擊灰色色塊

4 選擇「#BCBCBC（灰色）」色彩

5 單擊「確定」按鈕

Step 6 填充材質－為圖形套用特效，製作出半透明玻璃的效果。

① 特效－填充與材質－材質濾鏡

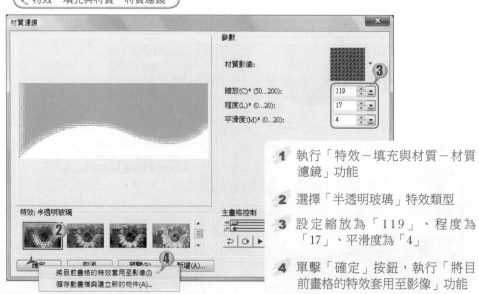

1 執行「特效－填充與材質－材質濾鏡」功能

2 選擇「半透明玻璃」特效類型

3 設定縮放為「119」、程度為「17」、平滑度為「4」

4 單擊「確定」按鈕，執行「將目前畫格的特效套用至影像」功能

Step 7 調整圖形位置－用拖曳的方式，調整背景圖形至適當的位置。

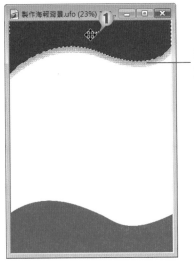

調整圖形位
置後的效果

1 單擊選取藍色圖形並
拖曳調整其位置

Step 8 插入資料庫影像－插入資料庫中的影像，製作更豐富的背景效果。

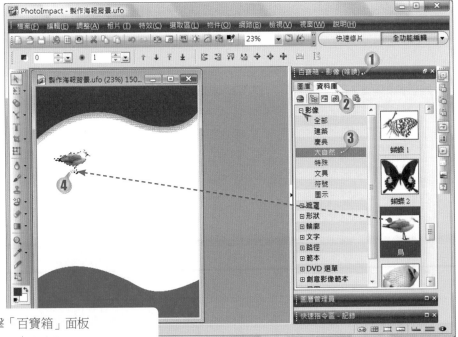

1 雙擊「百寶箱」面板

2 切換至「資料庫」籤頁

3 依次展開「影像－大自然」項目

4 拖曳「鳥」影像至檔案中的合適
位置

Step 9 調整影像大小－調整插入文件中的影像大小，使其更協調。

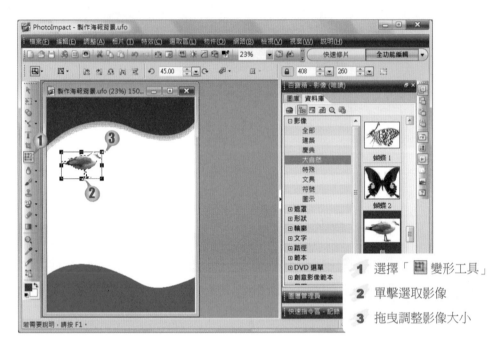

1 選擇「變形工具」
2 單擊選取影像
3 拖曳調整影像大小

Step 10 設定陰影效果－為插入的影像設定陰影效果，所設定參數為預設的參數。

1 在影像上單擊右鍵，執行「陰影」功能
2 勾選「陰影」核取項
3 單擊「側影」按鈕
4 單擊「確定」按鈕

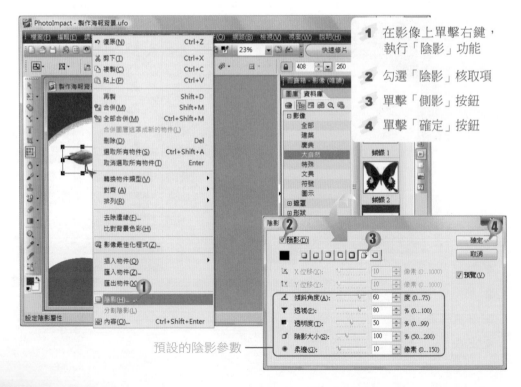

預設的陰影參數

利用陰影可以使影像產生一種層次的美感，若想要讓物件產生立體或漂浮的效果，這也是常用的技法。

4-2 美化主題物件

在上節中我們已經製作好了海報的背景，有了背景，當然得要有內容囉，所以本節我們就要來為海報插入相關的主題物件，並美化插入的主題物件，使海報更加豐富多彩並達到宣傳的效果。

重點掃描
❋ 從素材影像中擷取所需的影像部分
❋ 為插入的物件設定相片邊框

擷取物件

「擷取物件」功能是PhotoImpact X3的重要功能，透過「繪製臨界、擷取物件、調整擷取程度、微調物件」四大步驟，將素材中所需的部分擷取出來，並產生一個獨立的物件。

透過調整擷取程度並配合橡皮擦，就算一些平常難以選取的細節部分，皆能輕易擷取出來。

原始影像

將物件擷取出來後的效果

相片邊框

利用「相片邊框」功能，可以為物件設定相片邊框或為影像套用外框，達到特殊的美化效果。在「相片邊框」對話中，可以設定邊框的樣式、色彩及陰影效果等。

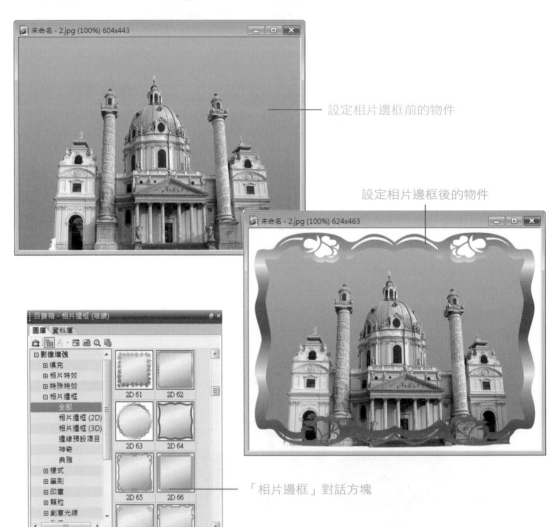

設定相片邊框前的物件

設定相片邊框後的物件

「相片邊框」對話方塊

實例教戰－美化主題物件

下面將透過「物件－擷取物件」功能，擷取影像中的物件，然後利用「相片邊框」功能，為插入的影像物件製作出相片邊框效果。

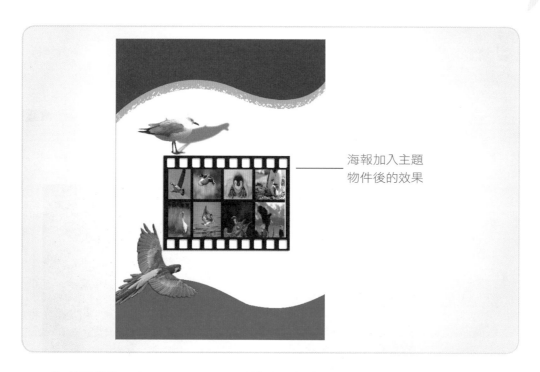

海報加入主題
物件後的效果

◎ 練習檔案：..\Example\Ex04\美化主題物件.ufo
◎ 素材檔案：..\Example\Ex04\bird.jpg、picture.jpg
◎ 成果檔案：..\Example\Ex04\美化主題物件_Ok.ufo

Step 1 插入影像－將素材檔案中的影像插入到練習檔案中，準備擷取物件。

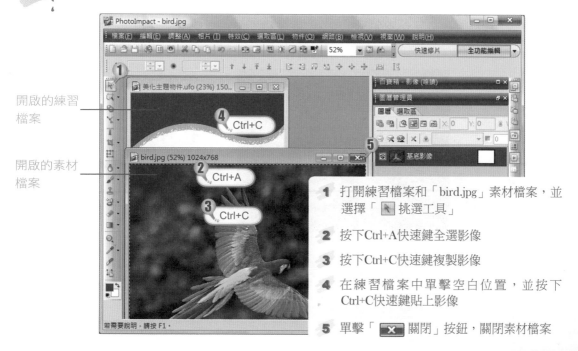

開啟的練習
檔案

開啟的素材
檔案

1 打開練習檔案和「bird.jpg」素材檔案，並
選擇「 ▣ 挑選工具」

2 按下Ctrl+A快速鍵全選影像

3 按下Ctrl+C快速鍵複製影像

4 在練習檔案中單擊空白位置，並按下
Ctrl+C快速鍵貼上影像

5 單擊「 ✕ 關閉」按鈕，關閉素材檔案

Step 2 繪製邊界－繪製「鳥」的邊界，準備擷取物件。

物件－擷取物件

「擷取物件」功能預設為「 + 」「筆刷模式」

縮放工具可隨時調整影像縮放比例

繪製出的封閉邊界

1 執行「物件－擷取物件」功能

2 設定筆刷大小為「10」

3 單擊「 🔍 拉近」按鈕

4 拖曳繪製「鳥」的邊界為一封閉區域

5 單擊「下一步」按鈕

Step **3**　擷取物件－在「鳥」的外圍區域單擊，去除影像背景。

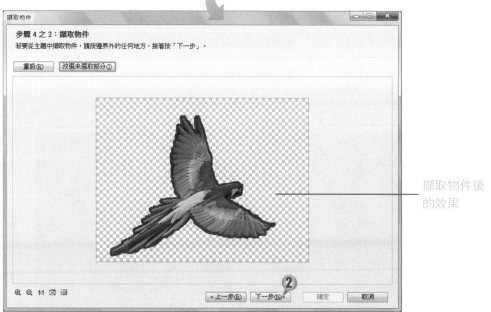

擷取物件後
的效果

1 單擊「鳥」外部區域
　 來擷取物件

2 單擊「下一步」按鈕

Step 4 調整擷取程度－調整「鳥」從影像中擷取的細節程度。

程度愈高，愈貼近
所選取的物件，程
度愈低，則保留的
部分較多

1 拖曳滑動桿來調整擷取程度

2 單擊「下一步」按鈕

Step 5 微調物件－用「橡皮擦工具」刪除擷取物件多餘的影像部分。

1 選擇「 ─ 」橡皮擦模式，
設定「筆刷大小」為「20」

2 拖曳橡皮擦刪除多餘的影像

3 單擊「確定」按鈕

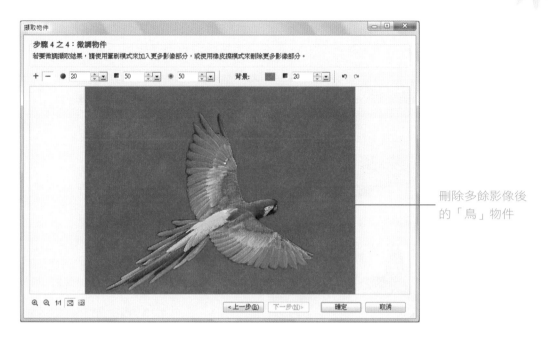

刪除多餘影像後
的「鳥」物件

Step 6 分離物件－使用拖曳的方法分離出擷取的物件。

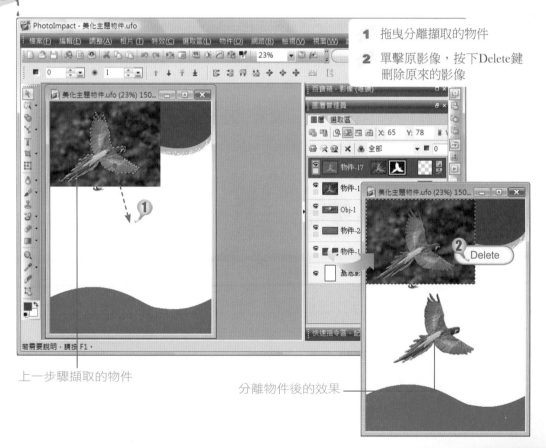

1 拖曳分離擷取的物件

2 單擊原影像，按下Delete鍵
刪除原來的影像

上一步驟擷取的物件

分離物件後的效果

Step 7 調整影像位置－調整影像的位置與大小，使其符合海報版面。

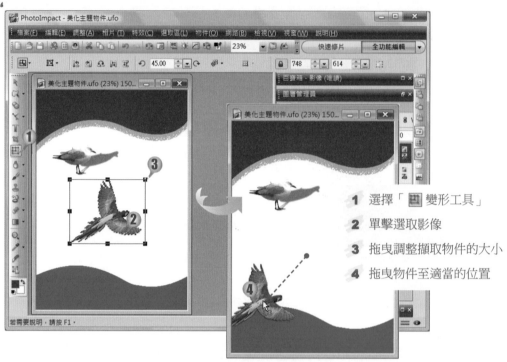

1 選擇「 變形工具」

2 單擊選取影像

3 拖曳調整擷取物件的大小

4 拖曳物件至適當的位置

Step 8 插入影像物件－在海報中心位置插入符合主題的影像物件。

物件－插入影像物件－從檔案

1 執行「物件－插入影像物件－從檔案」功能

2 選擇影像所在的資料夾

3 選取要插入的影像「picture.jpg」

4 單擊「開啟舊檔」按鈕

Step 9

調整影像方向－置入的新影像其方向不利於檢視，所以先將其調正。

1 選擇「　　變形工具」

2 單擊「往右轉90度」按鈕

Step 10

套用相片邊框－為新置入的影像套用百寶箱中的相片邊框，加強主題性。

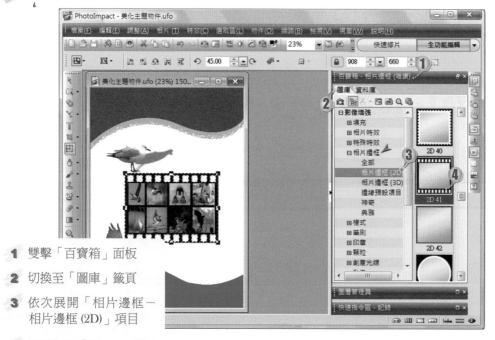

1 雙擊「百寶箱」面板

2 切換至「圖庫」籤頁

3 依次展開「相片邊框－
相片邊框 (2D)」項目

4 雙擊套用「2D 41」項目

Step 11 加入陰影－為影像物件設定陰影。

1 在影像上單擊右鍵，執行「陰影」功能

2 選擇「左下方」陰影樣式

3 設定透明度為「75」、陰影大小為「100」、柔邊為「6」

4 單擊「確定」按鈕

　　主題物件的設計效果對海報的整體美觀度有著決定性的作用，若設計不當或圖不對文，則必然會減少海報的作用。擷取相似風格的影像來美化海報，是設計背景時常用的方法。

4-3 特色Logo製作

　　Logo是海報的標誌，其在海報的設計中是不容忽視的，本節我們將透過「填充」功能為Logo文字設定漸層的填充效果，同時套用「百寶箱」中的「文字」樣式，製作Logo文字特效。

> **重點掃描**
> ❋ 為Logo文字設定漸層填充效果
> ❋ 設定文字的特效

漸層填充

　　在「填充」對話方塊的「漸層」籤頁中，可以對選取區進行不同方向的雙色或多色的填充設定。

填充類型：設定色彩填充的方向，有從上到下、從左到右、從左上到右下、從外到內四種方式。

填充色彩：設定填充的色彩，可以設定「雙色」或「多色」填充，且「色彩模式」中允許設定填充色彩的方式，分別為「RGB」、「HSB順時針」、「HSB逆時針」。

漸層設定籤頁

特效文字

在「百寶箱」的「資料庫」中，打開「文字」圖庫，可以在影像中插入各種文字特效，使文字富有創意。

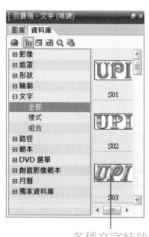

各種文字特效　　　　　　　套用特效文字的效果

實例教戰－特色Logo製作

下面將透過「填充－漸層」功能，做出漸層的文字效果，然後套用「百寶箱」中的「文字」圖庫，製作有特殊效果的Logo文字。

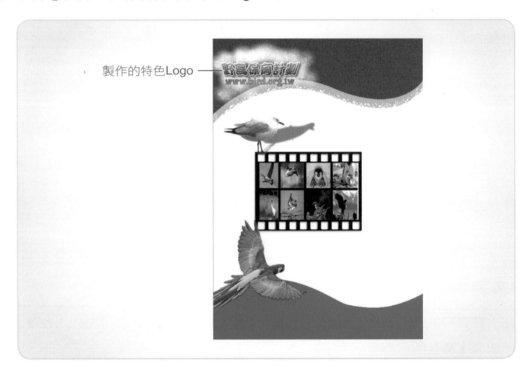

製作的特色Logo

◎ 練習檔案：..\Example\Ex04\特色Logo製作.ufo
◎ 成果檔案：..\Example\Ex04\特色Logo製作_Ok.ufo

Step 1 輸入文字－使用「文字工具」，為影像輸入Logo文字。

1 選擇「 文字工具」

2 單擊插入文字位置

3 設定文字色彩為「#D4D4D4（灰色）」、
　字型為「華康勘亭流」、大小為「96」

4 設定「粗體」樣式

5 輸入文字內容「野鳥保育計劃」

Step 2 設定文字效果－為文字設定3D與陰影樣式，製作立體的文字效果。

設定文字後的
效果

1 單擊選取文字物件所在的圖層

2 設定選取模式為「3D凸面」

3 勾選「框線」核取項

4 設定框線色彩為「#FFFFFF
  （白色）」，寬度為「4」

5 勾選「陰影」核取項

Step 3 設定填充效果－為文字設定由「白」至「黑」的漸層填充效果，使文字有變化。

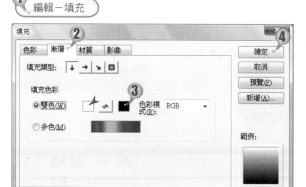

1 執行「編輯－填充」功能

2 切換至「漸層」籤頁

3 選擇「雙色」選項，設定左側色
  彩為「#FFFFFF（白色）」、右
  側色彩為「#000000（黑色）」

4 單擊「確定」按鈕

Step 4　調整透視－使文字方塊呈現倒梯形，製作出文字的透視效果。

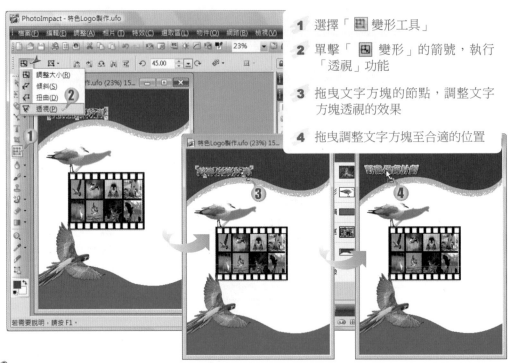

1　選擇「 ▦ 變形工具」

2　單擊「 ▦ 變形」的箭號，執行「透視」功能

3　拖曳文字方塊的節點，調整文字方塊透視的效果

4　拖曳調整文字方塊至合適的位置

Step 5　設定雲彩效果－為文字設定白色雲彩效果，使文字具有發光的動感。

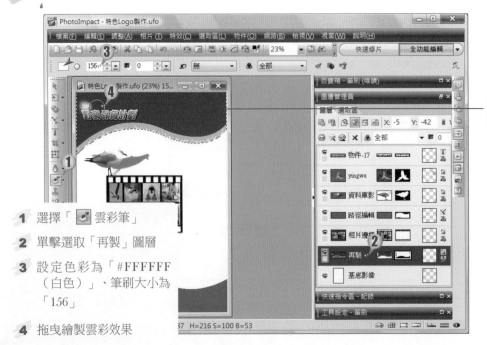

選取圖層所對應的影像

1　選擇「 ✎ 雲彩筆」

2　單擊選取「再製」圖層

3　設定色彩為「#FFFFFF（白色）」、筆刷大小為「156」

4　拖曳繪製雲彩效果

Step 6

套用文字特效－套用資料庫中的文字特效，使海報富有創意。

插入的特效
文字

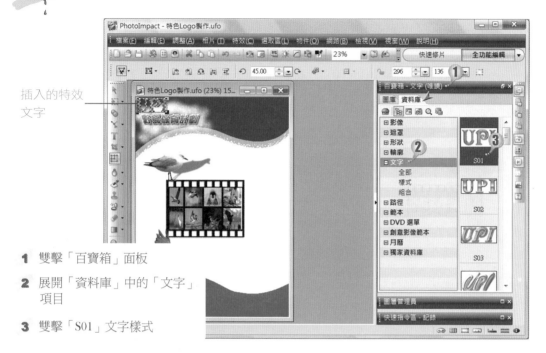

1 雙擊「百寶箱」面板

2 展開「資料庫」中的「文字」
項目

3 雙擊「S01」文字樣式

Step 7

編輯文字－改變特效文字的內容，使特效文字與海報內容相符。

1 在特效文字上單擊滑鼠右鍵，
執行「編輯文字」功能

2 拖曳選取原來的文字，然後輸
入文字「www.bird.org.tw」

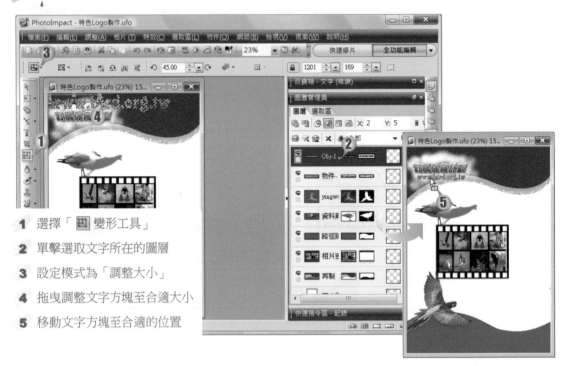

Step 8 調整文字－調整特效文字的大小與位置，使其作為文字Logo的副標題。

1 選擇「 變形工具」

2 單擊選取文字所在的圖層

3 設定模式為「調整大小」

4 拖曳調整文字方塊至合適大小

5 移動文字方塊至合適的位置

　　善用漸層填充功能、套用文字特效，使文字產生富有動感的立體效果，是設計海報文字常用的方法。

4-4 設計標題文字

　　標題是海報最重要的組成元素，有醒目的標題，才能在第一眼吸引觀者的目光。也因此，標題文字的形狀往往多變，藉此使標題更加引人注目。

重點掃描
✲ 為標題設定環繞效果

文字環繞

　　在「百寶箱」的「圖庫」籤頁中，包含了許多影像、文字的特殊處理方法與效果。在「文字/路徑特效－環繞」效果中，可以選擇「全部」、「彎曲文字」、「文字環繞」及「路徑環繞」類型，每種類型又有多種不同的環繞方式可以直接套用。

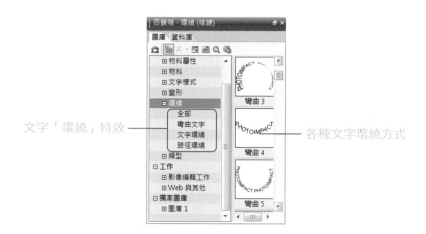

文字「環繞」特效　　　　　　　　　　　　各種文字環繞方式

實例教戰－設計標題文字

下面將透過「文字工具」，輸入標題文字，然後利用「文字環繞」功能，產生文字環繞成弧形的標題文字效果。

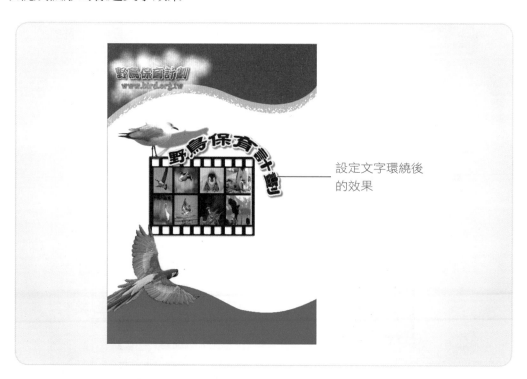

設定文字環繞後
的效果

◎ 練習檔案：..\Example\Ex04\設計標題文字.ufo
◎ 成果檔案：..\Example\Ex04\設計標題文字_Ok.ufo

Step 1 輸入文字－利用「文字工具」，為海報設定標題文字。

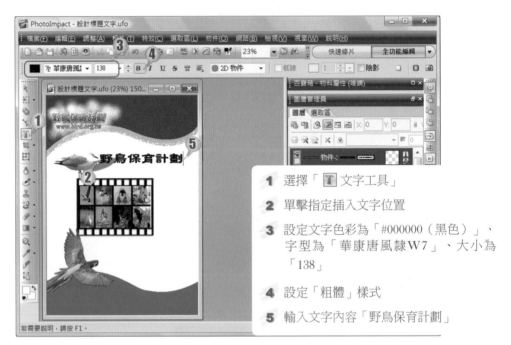

1. 選擇「 ⊤ 文字工具」

2. 單擊指定插入文字位置

3. 設定文字色彩為「#000000（黑色）」、字型為「華康唐風隸W7」、大小為「138」

4. 設定「粗體」樣式

5. 輸入文字內容「野鳥保育計劃」

Step 2 美化文字－為標題文字加上框線與陰影，美化標題文字。

1. 單擊選取文字物件所在的圖層

2. 勾選「框線」核取項

3. 設定框線色彩為「#E5FAE1（粉綠色）」、框線寬度為「11」

4. 勾選「陰影」核取項

Step 3 設定環繞效果－為標題文字設定文字環繞效果，使標題文字有曲線美。

設定文字環
繞後的效果

1 雙擊「百寶箱」面板

2 切換至「圖庫」籤頁

3 依次展開「文字/路徑特效－
環繞－文字環繞」項目

4 雙擊「文字環繞13」樣式

Step 4 調整位置－將設定好的標題文字放到海報中合適的位置。

1 拖曳標題文字到合適的位置

　　使用文字環繞效果，可以讓海報中的文字顯得活潑富有生氣，比起一般橫書或直
書的傳統文字要來得有變化。

4-5 排版內文

海報的重點在於傳達訊息,所以內文的排版是關鍵,若不易閱讀,就算內容再詳盡,也無法達到傳遞訊息的作用。本節我們就要來學習如何對海報的內文進行排版設計,使得海報中的內容能確實傳達您所要表達的資訊。

重點掃描
❀ 設定段落間距
❀ 分割文字

設定段落間距與分割文字

當輸入一段文字內容後,需要對段落進行行距與字距的調整,使版面內容段落分明。

雖然輸入了很多文字,然而這些文字乃為一個物件,如果要對句子中的某個單字進行編修時,就必須先將文字分割開來。透過「工具設定-文字」面板中的分割功能,可以將文字分割成字元、單字、行或樣式。

段落間距設定

分割文字功能

實例教戰-排版內文

下面將透過「工具設定-文字」面板,設定內文的行距,然後透過「分割」功能,分割內文的標題為單字,並調整標題文字以突顯標題內容。

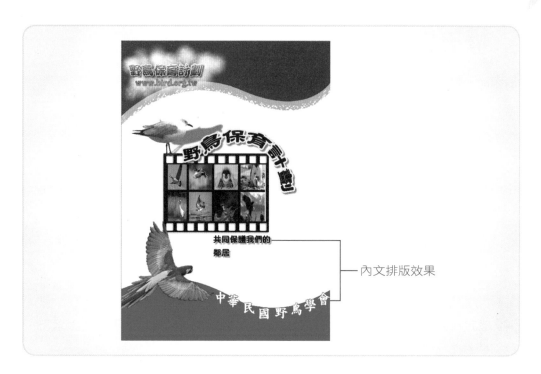

── 內文排版效果

◎ 練習檔案：..\Example\Ex04\排版內文.ufo
◎ 成果檔案：..\Example\Ex04\排版內文_Ok.ufo

Step 1 輸入第一段內文－在主題影像下輸入一段文字。

1　選擇「 文字工具」

2　單擊指定插入文字的位置

3　設定文字色彩為「#000000（黑色）」、
　　字型為「華康中特圓體」、大小為「58」

4　設定樣式為「粗體」

5　勾選「陰影」核取項

6　輸入文字「共同保護我們的鄰居」

接下頁

7 將游標定位在「鄰居」前，
並按下Enter鍵

Step 2 設定行距－設定輸入文字的行距，使輸入的文字行與行之間不至於太緊密，美觀且更方便閱讀。

1 展開「工具設定－文字」面板

2 勾選「自動」核取項

3 設定行距為「35」

Step 3 設定字型－將海報內文文字設定為華康特粗楷體，使內文富有藝術感。

1 單擊指定插入文字的位置

2 設定字體色彩為「#FFFFFF（白色）」、
字型為「華康特粗楷體」、大小為「96」

3 設定樣式為「粗體」

4 取消勾選「陰影」核取項

5 輸入文字「中華民國野鳥學會」

6 單擊選取文字圖層

Step 4 分割文字－用「分割」功能，將內文標題文字分割成單字，準備進行位置調整。

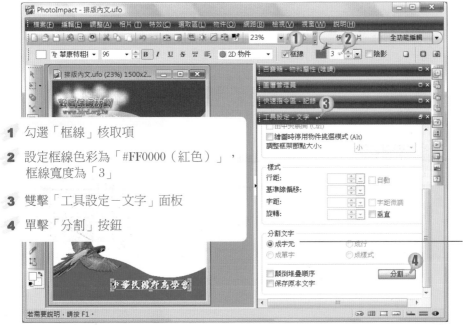

1 勾選「框線」核取項

2 設定框線色彩為「#FF0000（紅色）」，
框線寬度為「3」

3 雙擊「工具設定－文字」面板

4 單擊「分割」按鈕

因為只有一行文字，所以只能選擇「成字元」選項

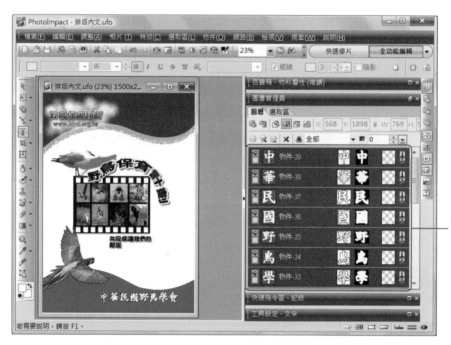

標題文字分割後
所顯示的圖層

Step 5 調整位置－分別調整分割後的文字位置，使文字形成錯落有致的效果。

1 單擊文字物件外任意區域

2 選取文字「中」

3 拖曳調整文字到合適的位置

　　用同樣的方法，調整其他六個單一標題文字到適當的位置。

　　經由上述對海報文字設計技巧的介紹，是不是對海報的設計又更加瞭解了呢？當然，工具大家都有，但要創作出與眾不同的作品，就必須靠您的巧思了，建議多去觀摩他人的海報作品，強化對於海報設計的美感認知，對往後的設計工作絕對有幫助。

學習評量

選擇題

1.( )　如果想繪製背景圖形，可以透過下列哪一種功能來達成？

　　　(A)挑選工具　(B)文字工具　(C)變形工具　(D)路徑繪圖工具。

2.( )　如果想為文字設定由「黃」至「紅」的漸層填充效果，可以透過下列哪一種功能來達成？

　　　(A)相片邊框　(B)填充　(C)淡出　(D)環繞。

3.( )　如果想為影像設定半透明的玻璃特效，可以在下列哪一個對話方塊中進行設定？

　　　(A)相片邊框　(B)環繞　(C)材質濾鏡　(D)填充。

4.( )　如果想使文字有環繞的效果，可以透過下列哪一種功能來達成？

　　　(A)填充　(B)環繞　(C)編輯　(D)特效。

5.( )　如果要對一句文字中的某個單字進行編修時，必須先進行什麼設定？

　　　(A)分割　(B)設定行距　(C)設定字距　(D)設定字型。

實作題

牛刀小試－基礎題

1. 製作完成一份精美海報，如果海報背景沒有主題物件，海報內容就會顯得空洞乏味，達不到宣傳的效果。所以讓我們使用本章所學習插入影像物件的方法來插入主題物件，並為主題物件設定放射狀漸層的填充效果，使主題物件成為海報中的焦點。

原始的影像　　　　　　　　插入融合影像的效果

◎ 練習檔案：..\Example\Ex04\Practice\製作海報.ufo
◎ 素材檔案：..\Example\Ex04\Practice\camera.jpg
◎ 成果檔案：..\Example\Ex04\Practice\製作海報_Ok.ufo

提示：

a. 開啟練習檔案與素材檔案後，切換到素材檔案「camera.jpg」視窗，選擇「魔術棒工具」在黑色背景處單擊，選取背景，然後執行「選取區－改選未選取的部分」功能，選取素材檔案中的影像，然後按下Ctrl＋C快速鍵，複製選取的影像。最後切換至練習檔案中，並按下Ctrl＋V快速鍵貼上複製的影像。

b. 選擇「  變形工具」，選擇「調整大小」模式，調整插入的影像物件至合適大小，最後拖曳調整影像至適當位置。

c. 執行「編輯－填充」功能，設定填充類型為「圓形放射狀」，填充色彩直接採用預設的黑白「雙色」選項，再設定「調亮」的合併模式，透明度百分比為「50」，最後單擊「確定」按鈕。

大顯身手－進階題

1. 製作好了一份精美的海報，若能為其製作一個Logo標誌，那必然能加深瀏覽者的印象。所以就讓我們使用本章所學的Logo製作方法來製作海報Logo吧！

原始的海報　　　　　　加上Logo標誌後的海報

◎ 練習檔案：..\Example\Ex04\Practice\製作Logo.ufo
◎ 成果檔案：..\Example\Ex04\Practice\製作Logo_Ok.ufo

提示：

a. 選擇「 ▣ 文字工具」，在文字「www.bird.org.tw」上方單擊指定插入文字位置，設定文字色彩為「#000000（黑色）」、字型為「華康勘亭流」、大小為「110」，並設定「粗體」樣式，然後勾選「陰影」核取項，最後輸入文字內容為「野鳥保育計劃」。

b. 在其他白色影像處單擊，選取輸入的文字方塊，執行「編輯－填充」功能，在開啟的「填充」視窗中切換至「漸層」籤頁，選擇「雙色」選項，設定左側色彩為「#11CFFF（淺藍色）」、右側色彩為「#0058A5（深藍色）」，最後單擊「確定」按鈕。

c. 設定選取模式為「3D弧面」，勾選「框線」核取項，設定框線色彩為「#000000（黑色）」，寬度為「8」。

d. 選擇「 ▣ 變形工具」，選擇「 ▣ 透視」模式，拖曳文字方塊的節點，調整文字方塊透視的效果，最後拖曳文字方塊至適當位置。

關懷生命－
圖書封面設計

5

背景製作

　　材質：為背景填充材質
　　路徑編輯工具：編輯圖形路徑
　　淡出：設定至上而下的淡出效果
　　漸層：為背景填充漸層效果
　　材質濾鏡：設定半透明玻璃與浮雕等特效
　　半透明玻璃：為影像設定半透明玻璃材質濾鏡特效
　　浮雕：為影像設定浮雕材質濾鏡特效

主題物件製作

　　貝茲曲線：繪製不規則的圖形物件
　　自訂形狀：插入自訂形狀物件

設計文字

　　填充：設定文字填充效果
　　彎曲：設定文字彎曲環繞效果
　　透明度：設定文字的透明度
　　垂直：設定文字垂直排列

特效文字製作

　　字體特效：設定文字物件的字體特效

裝飾封面

　　路徑繪圖工具：繪製裝飾封面的星形物件
　　任意旋轉：旋轉圖形物件的角度
　　填充：設定圖形物件的色彩
　　透明度：設定圖形物件的透明度

PhotoImpact X3
實用 教學寶典

5-1 背景製作

當您從書架上拿下一本書時,會先看哪一部分呢?大多數人會先看封面以及書名,因此,封面設計的好壞決定了這本書給人的第一印象,有時封面設計得太過拙劣,即使內容再豐富、充實,只怕讀者連翻閱的念頭都沒有,可見封面的影響力了。本節先就單純的背景設計開始學習封面設計。

材質填充

利用「 材質填充工具」可以為背景設定各種填充材質,如填充各種圖案背景等;可以選擇軟體所提供的材質,或選取電腦中您自己保存的圖片做為填充的材質,填充的影像會根據拖曳的起點以拼貼的方式填滿整個基底圖層。

填充的方式有「不調整材質的大小」、「維持寬高比」、「任意調整大小」三種,依據拖曳區域大小,會有不同的填滿結果。選擇「不調整材質的大小」選項,填充時不論區域的大小,都會以影像原始大小進行填充;選擇「維持寬高比」選項,填充時會調整影像大小但維持寬高等比例填滿該區域;若選擇「任意調整大小」選項,則不維持原始影像的大小及比例直接填滿該區域。

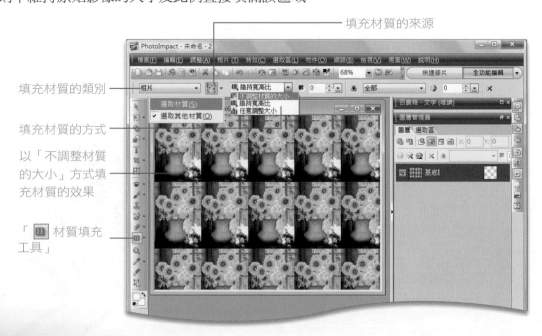

填充材質的來源

填充材質的類別

填充材質的方式

以「不調整材質的大小」方式填充材質的效果

「 材質填充工具」

軟體所提供
的相片類材
質影像

路徑編輯工具

使用「路徑編輯工具」可以調整路徑的外觀。透過路徑上的節點，可以調整曲線
路徑的曲線位置；而調整路徑上的控制點（或稱「控點」），則可以改變路徑的曲線
形狀。

原始的圖形

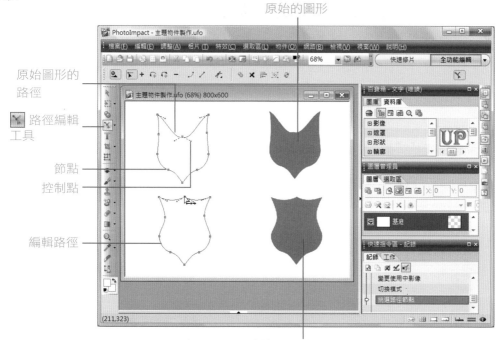

原始圖形的
路徑

路徑編輯
工具

節點

控制點

編輯路徑

編輯路徑後的圖形

實例教戰－背景製作

下面將透過「材質填充工具」以素材檔案填滿背景，並設定淡出、填滿漸層的效
果；接著保留背景圖片的局部，利用「路徑編輯工具」調整外觀形狀；最後套用「半
透明玻璃」及「浮雕」材質濾鏡特效。

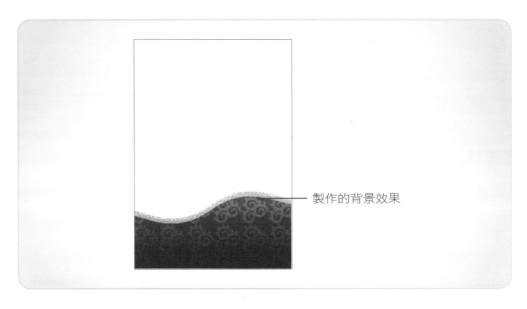

製作的背景效果

◎ 練習檔案：..\Example\Ex05\背景製作.ufo
◎ 素材檔案：..\Example\Ex05\picture.jpg
◎ 成果檔案：..\Example\Ex05\背景製作_Ok.ufo

Step 1
再製圖層－再製一個空白的基底影像，準備在其上填充材質背景。

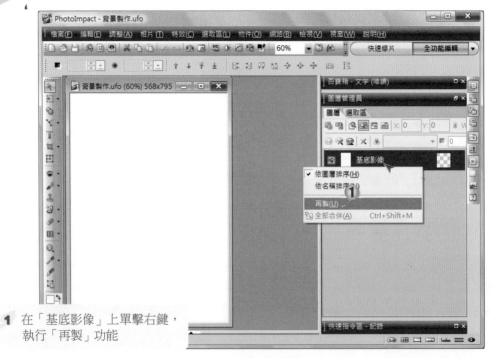

1 在「基底影像」上單擊右鍵，執行「再製」功能

Step 2

填充材質－選取材質，填滿畫面，製作背景圖案。

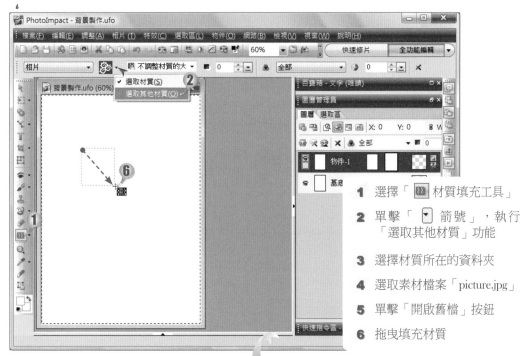

1 選擇「 材質填充工具」

2 單擊「 箭號」，執行「選取其他材質」功能

3 選擇材質所在的資料夾

4 選取素材檔案「picture.jpg」

5 單擊「開啟舊檔」按鈕

6 拖曳填充材質

以原始大小填充
材質的效果

Step 3　設定淡出－為背景圖案設定由黑至白的雙色淡出效果。

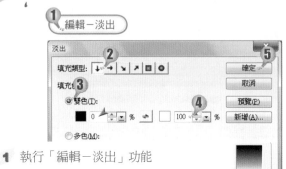

編輯－淡出

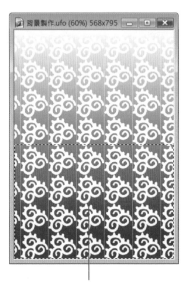

1 執行「編輯－淡出」功能

2 選擇填充類型

3 選擇「雙色」選項

4 分別設定雙色百分比為「0」、「100」

5 單擊「確定」按鈕

影像設定雙色淡出後的效果

Step 4　漸層填充－用相近的紅色，為背景影像設定雙色漸層填充效果。

背景設定漸層填充後的效果

1 選擇「基底影像」圖層，並按下Ctrl+A快速鍵

2 選擇「物件1」圖層

3 執行「編輯－填充」功能

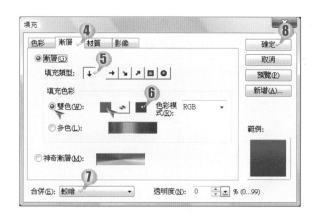

4 切換至「漸層」籤頁

5 選擇填充類型

6 選擇「雙色」選項，分別設定
色彩為「#FF0000（紅色）」、
「#C40000（深紅色）」

7 設定合併為「較暗」

8 單擊「確定」按鈕

Step 5 選取背景範圍－選取背景中的一部分矩形選取區，作為背景圖案。

1 執行「選取區－取消選取區」功能

2 選擇「 標準選取工具」

3 選擇「矩形」選取區形狀模式

4 拖曳調整視窗大小

5 拖曳繪製選取區

6 按下Ctrl+C快速鍵，複製選取區

7 選取「基底影像」圖層，按下Ctrl+V
快速鍵，貼上選取區

 補給站

此步驟將視窗調大的目的是為了使用「 標準選取工具」繪製選
取區時，確保選取區涵蓋整個影像物件的下半部。實際操作時，
可根據需要對視窗進行大小調整。

Step 6 刪除圖層－刪除不需要的圖層，方便後續的設計工作。

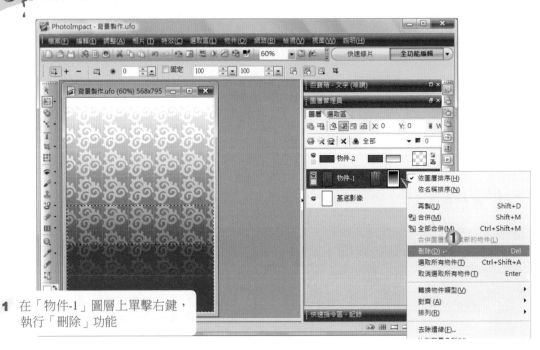

1 在「物件-1」圖層上單擊右鍵，
執行「刪除」功能

Step 7 轉換物件類型－將影像區域轉換為路徑，準備改變背景圖片原始的形狀。

1 在「物件-2」圖層上單擊右鍵，
執行「轉換物件類型－文字/影
像轉成路徑」功能

Step 8 刪除控制點－刪除路徑中多餘的控制點，以利後續形狀的調整。

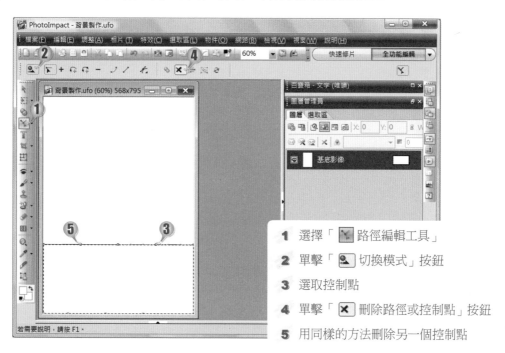

1 選擇「 路徑編輯工具」

2 單擊「 切換模式」按鈕

3 選取控制點

4 單擊「 刪除路徑或控制點」按鈕

5 用同樣的方法刪除另一個控制點

Step 9 編輯路徑－透過調整路徑上的節點與控點，改變物件的形狀。

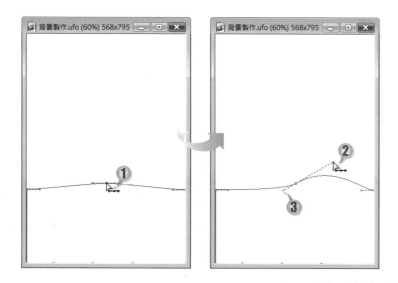

1 拖曳調整節點的位置

2 拖曳控點調整路徑曲線的形狀

3 用同樣的方法調整另一控制點

Step 10
再製物件－用快速鍵再製一個物件，準備製作邊緣效果。

1 單擊「 切換模式」按鈕

2 按下Shift+D快速鍵再製物件

Step 11
編輯路徑－將再製的物件填充灰色，準備作為設定特效的基色。

3 編輯－填充

2 選取區－取消選取區

1 選取圖層

2 執行「選取區－取消選取區」功能

3 執行「編輯－填充」功能

4 切換至「色彩」籤頁

5 設定填充色彩為「#979494（灰色）」

6 單擊「確定」按鈕

Step 12 設定特效－為物件設定半透明玻璃的材質濾鏡特效。

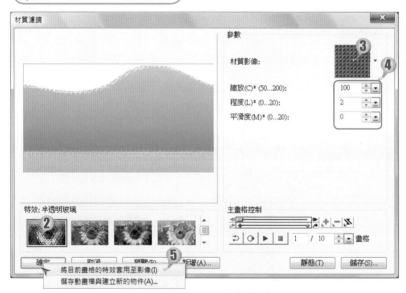

1 執行「特效－填充與材質－材質濾鏡」功能

2 選擇「半透明玻璃」特效

3 單擊選擇材質影像類型

4 設定縮放百分比為「100」，程度百分比為「2」，平滑度百分比為「0」

5 單擊「確定」按鈕，執行「將目前畫格的特效套用至影像」功能

Step 13 調整物件位置－調整物件位置，使上下兩個物件分別錯開。

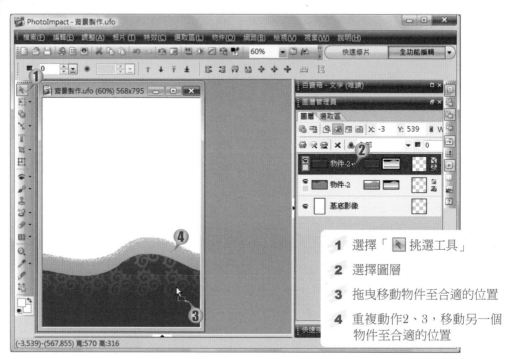

1 選擇「⬚ 挑選工具」

2 選擇圖層

3 拖曳移動物件至合適的位置

4 重複動作2、3，移動另一個物件至合適的位置

Step 14 設定浮雕效果－為主要的背景物件設定浮雕特效，使圖案更有質感。

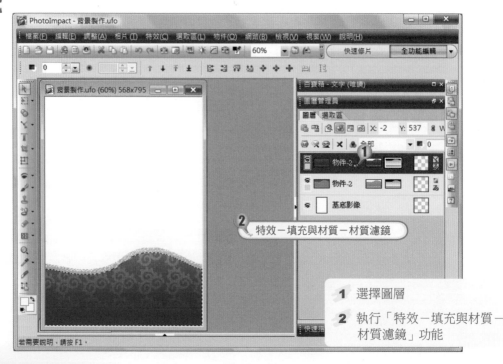

特效－填充與材質－材質濾鏡

1 選擇圖層

2 執行「特效－填充與材質－材質濾鏡」功能

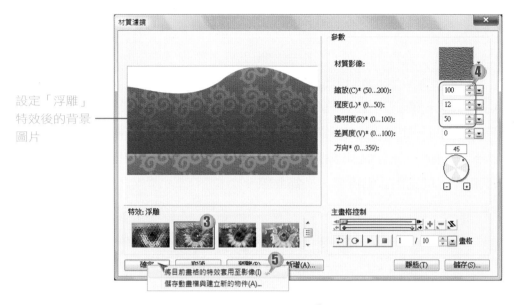

設定「浮雕」
特效後的背景
圖片

3 選擇「浮雕」特效

4 設定縮放百分比為「100」，程度百分比
為「12」，透明度百分比為「50」

5 單擊「確定」按鈕，執行「將目前畫格
的特效套用至影像」功能

　　經由上述操作，一個漂亮的背景就產生了。就一本雜誌的封面製作來說，已完成
了第一步驟，接下來就要來學習如何製作雜誌封面的內容。

5-2　主題物件製作

　　上一節我們已經製作好了雜誌的封面，本節我們
就接著來學習如何使用「貝茲曲線」工具，繪製不規
則的圖形物件，同時使用插入自訂形狀物件來繪製各
式各樣的圖形，製作封面的主題物件。

重點掃描
✤ 繪製不規則的圖形物件
✤ 插入自訂形狀物件

貝茲曲線工具

除了繪製規則或特殊的圖形外，「路徑繪圖工具」預設了「Spline曲線」、「貝茲曲線」及「任意形狀」三種繪製不規則形狀圖形的工具。其中以「 貝茲曲線工具」應用最廣也最常被使用，其以單擊增加節點的方式來繪製線條，雙擊結束繪製，而繪製的節點會形成一封閉的區域。單擊第一個節點，放開滑鼠，再單擊下一個節點，兩個節點間會形成一條直線；若在單擊下一個節點時，按住滑鼠不放拖曳，接著再單擊第三個節點，則三個節點可形成一條曲線。

「 貝茲曲線」工具

使用「 貝茲曲線工具」繪製任意形狀的圖形

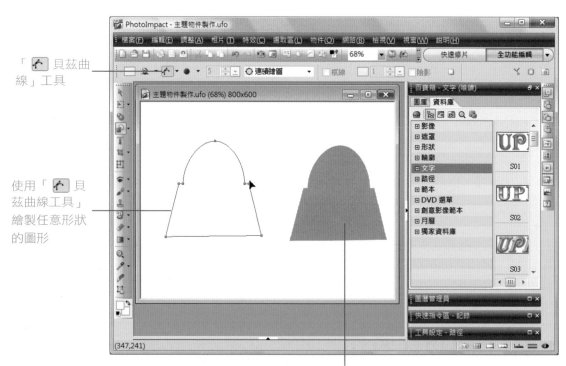

利用「 貝茲曲線工具」完成繪製的圖形

實例教戰－主題物件製作

下面將透過「 貝茲曲線工具」，繪製出部分的主體圖形，接著插入素材影像，最後透過插入自訂形狀物件，繪製其他的圖形。

製作主題物件前的效果　　　製作主題物件後的效果

◎ 練習檔案：..\Example\Ex05\主題物件製作.ufo
◎ 素材檔案：..\Example\Ex05\bird.jpg
◎ 成果檔案：..\Example\Ex05\主題物件製作_Ok.ufo

Step 1 插入影像－插入素材影像，作為主題物件之一。

物件－插入影像物件－從檔案

1 執行「物件－插入影像物件－
從檔案」功能

2 選擇影像所在的資料夾

3 選取要插入的影像

4 單擊「開啟舊檔」按鈕

Step 2

調整影像－調整影像的大小與位置，使其填滿整個空白區域。

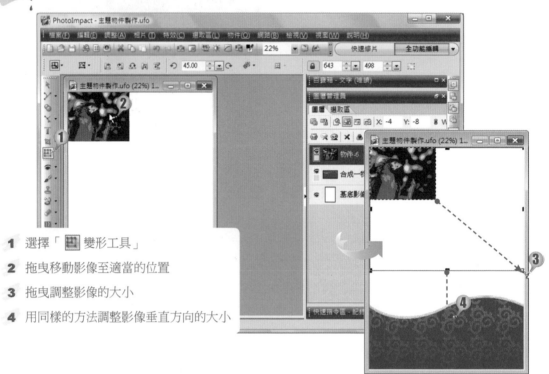

1 選擇「 ▦ 變形工具」
2 拖曳移動影像至適當的位置
3 拖曳調整影像的大小
4 用同樣的方法調整影像垂直方向的大小

Step 3

調整圖層順序－往下調整影像所在的圖層位置，使之前繪製的圖形可以完整顯示。

調整圖層順
序後的效果

1 拖曳調整圖層順序

Step 4 繪製物件－手動繪製一個物件，作為另一主題物件。

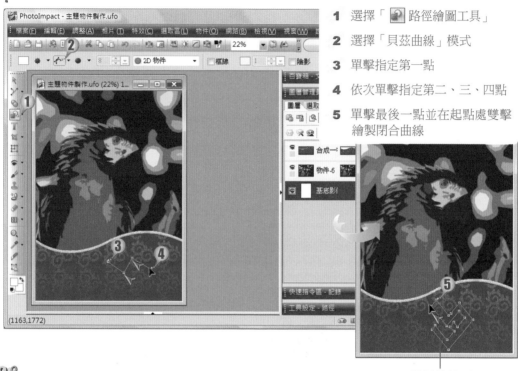

1 選擇「 路徑繪圖工具」

2 選擇「貝茲曲線」模式

3 單擊指定第一點

4 依次單擊指定第二、三、四點

5 單擊最後一點並在起點處雙擊繪製閉合曲線

繪製的情形

Step 5 調整物件－調整繪製物件的形狀大小與位置。

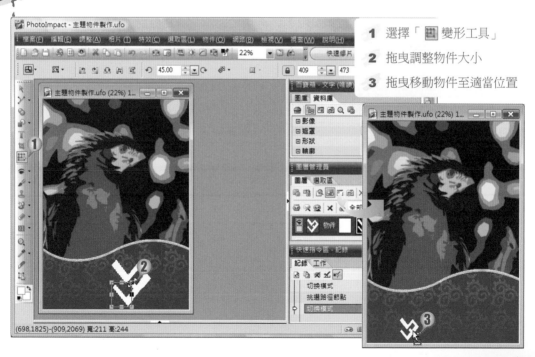

1 選擇「 變形工具」

2 拖曳調整物件大小

3 拖曳移動物件至適當位置

補給站

用「貝茲曲線工具」繪製圖形時，最後必須雙擊起點結束繪製，
才能形成完整的封閉區域；如果在其他的位置雙擊，也會結束繪
製，但自動將結束點與起點以直線相連，所形成的形狀就不如預
期。繪製時若按住Shift鍵不放，可以繪製以45度（如90度、135
度、180度…等）為單位的線條所形成的物件。

Step 6 繪製方形物件－拖曳繪製紅色的方形物件，為背景添加裝飾圖形。

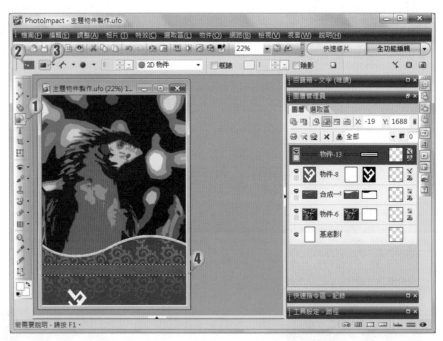

1 選擇「 路徑繪圖工具」

2 設定色彩為「#FF0000（紅色）」

3 選擇「矩形」模式

4 拖曳繪製矩形

Step 7 繪製形狀物件－依據軟體所提供的形狀，繪製另一主題物件。

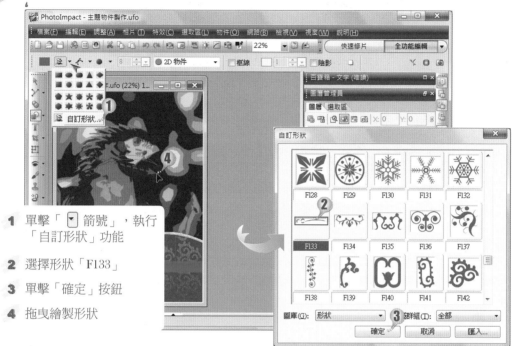

1 單擊「 ▾ 箭號」，執行
「自訂形狀」功能

2 選擇形狀「F133」

3 單擊「確定」按鈕

4 拖曳繪製形狀

Step 8 調整物件－調整所繪製物件的方向與位置，使其更美觀。

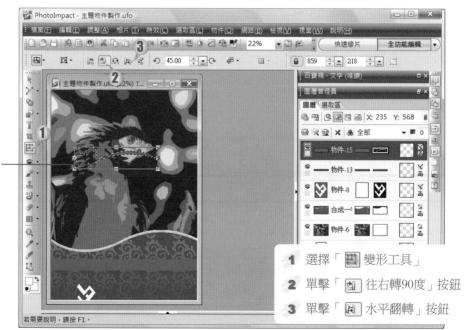

上一步驟繪製
的形狀

1 選擇「 ⊞ 變形工具」

2 單擊「 ⤵ 往右轉90度」按鈕

3 單擊「 ⇋ 水平翻轉」按鈕

接下頁

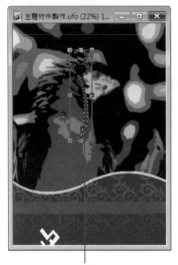
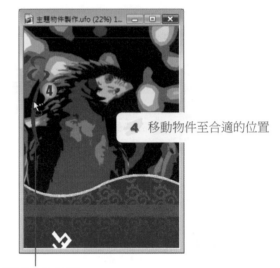

4 移動物件至合適的位置

往右轉90度
旋轉的效果

水平翻轉的效果

Step 9 設定色彩－為繪製的物件填充由黃至白的漸層色彩。

① 編輯－填充

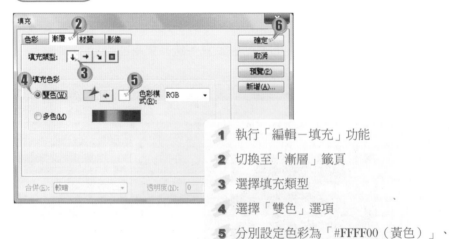

1 執行「編輯－填充」功能

2 切換至「漸層」籤頁

3 選擇填充類型

4 選擇「雙色」選項

5 分別設定色彩為「#FFFF00（黃色）」、
「#FFFFFF（白色）」

6 單擊「確定」按鈕

Step 10 透視物件－以透視的方式，對物件稍微進行不規則的大小調整，使其與其他主題物件相協調。

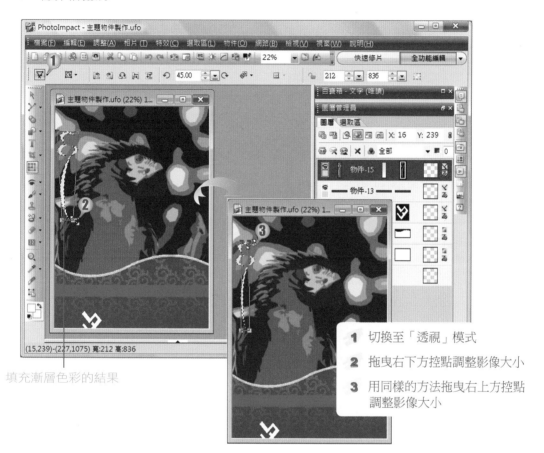

填充漸層色彩的結果

1 切換至「透視」模式

2 拖曳右下方控點調整影像大小

3 用同樣的方法拖曳右上方控點調整影像大小

　　使用「貝茲曲線工具」繪製不規則圖形物件，然後在背景中插入影像和自訂形狀，所設計的封面就有了與眾不同的特色了。

5-3　設計文字

　　背景與主題物件製作好後，自然就要設計封面文字了。在PhotoImpact X3中，可以為文字設定填充、環繞、透明度、垂直排列等效果。本節我們就來學習如何設計文字。

> **重點掃描**
> ❀ 設定文字垂直排列
> ❀ 為文字設定填充效果
> ❀ 設定文字彎曲環繞效果

彎曲文字

　　在「彎曲」對話方塊中，我們可以對文字進行彎曲設定，如設定彎曲的「數量」、彎曲文字的「起始高度」、「結束高度」等。

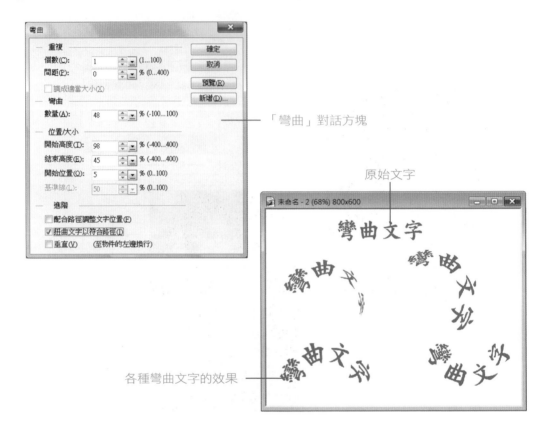

「彎曲」對話方塊

原始文字

各種彎曲文字的效果

實例教戰－設計文字

　　下面將透過「工具設定－文字」面板，對文字進行垂直排列，然後用「填充」功能，設定文字的填充效果，在「彎曲」對話方塊中對文字進行彎曲設定，最後再設定文字的透明度。

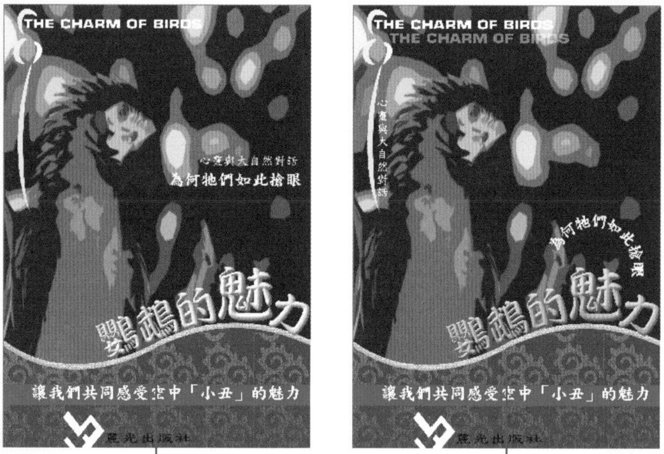

設計文字前的效果　　設計文字後的效果

◎ 練習檔案：..\Example\Ex05\設計文字.ufo
◎ 成果檔案：..\Example\Ex05\設計文字_Ok.ufo

Step 1 設定文字色彩－為文字填充漸層的雙色，美化文字。

1. 選擇「 挑選工具」
2. 按住Shift鍵，同時選取文字圖層
3. 執行「編輯－填充」功能

接下頁

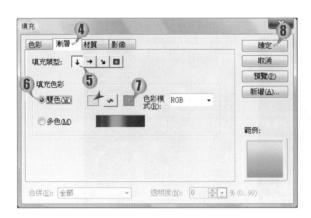

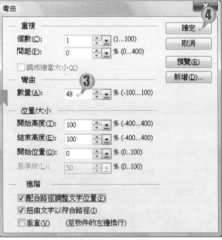

④ 切換至「漸層」籤頁

⑤ 選擇填充類型

⑥ 選擇「雙色」選項

⑦ 分別設定色彩為「#FFFF00（黃色）」、「#EBB000（橘黃色）」

⑧ 單擊「確定」按鈕

Step 2 彎曲文字－為文字設定向下的彎曲效果，使文字呈現方式不拘一格。

物件－環繞－彎曲

上一步驟設定文字填充的效果

1 單擊選取文字

2 執行「物件－環繞－彎曲」功能

3 設定彎曲數量為「48」

4 單擊「確定」按鈕

Step 3 變形文字－將已彎曲的文字再旋轉一個小角度，使文字更具有變化之美。

1 選擇「 變形工具」

2 選擇「任意旋轉」模式

3 拖曳旋轉文字物件至合適的角度

4 拖曳移動文字物件至適當位置

Step 4 設定垂直文字－將橫排的文字改為直排的書寫方式。

上一步驟設定文字
物件變形後的效果

1 單擊選取文字物件，
並按下Shift+E快速鍵

2 拖曳選取所有的文字

接下頁

設定垂直文字
的效果

3 雙擊展開「工具設定－文字」面板

4 勾選「垂直」核取項

5 設定旋轉角度為「-90」

Step
5 調整文字位置－調整直排文字物件的位置，使其與背景相協調。

1 選擇「 挑選工具」

2 選取文字物件並移動至合適的位置

Step 6 設定透明度－設定文字物件的透明度，使其呈現出半透明的效果。

1 選取文字物件後，並按下Shift+D快速鍵
再製物件

2 拖曳移動再製的文字物件至合適的位置

3 設定文字物件的透明度為「50」

進行封面文字設計時，常會用到填充、環繞、透明度、垂直排列等方式為文字設定特殊的效果，所以一定得熟練這些文字變化技巧。

5-4 特效文字製作

單純的文字設計不夠稀奇，而使文字以彎曲、環繞、透明等不同的方式呈現，似乎也還差那麼一點兒，是否還有更特殊的文字造型呢？本節我們就要來繼續學習另一種常用於設計封面文字的方法。

重點掃描
❖ 設定文字物件的字體特效

字體特效

「字體特效」對話方塊提供了「漸層」、「缺口」、「玻璃」、「金屬」、「浮雕」…等20種特效，同時還可以設定特效參數，包括形狀、大小、差異度、反相和填充色彩。選擇所需的特效即可套用至影像中的文字物件上，很簡單吧！

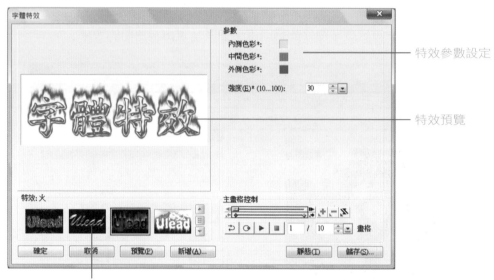

特效參數設定

特效預覽

各種特效類型

實例教戰－特效文字製作

下面將透過「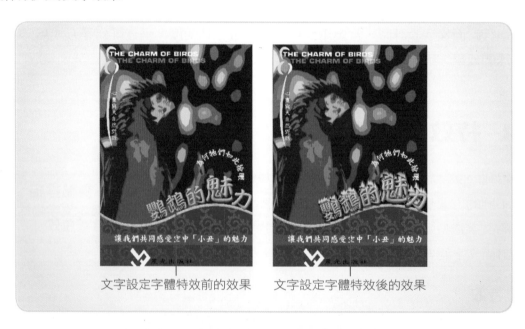」變形工具」對文字進行透視設定，然後用「字體特效」功能，製作炫人的文字效果。

文字設定字體特效前的效果　　　文字設定字體特效後的效果

◎ 練習檔案：..\Example\Ex05\特效文字製作.ufo

◎ 成果檔案：..\Example\Ex05\特效文字製作_Ok.ufo

Step 1

合併單一物件－將分割的文字合併為一個文字物件，方便後期的設計工作。

1 選擇「 ▶ 挑選工具」

2 按住Shift鍵，同時選取文字圖層

3 執行「物件－合併成單一物件」功能

Step 2

再製物件－再製一個文字物件，準備設定文字特效。

1 選取文字物件並按下Shift+D
快速鍵再製一個物件

2 拖曳移動文字物件至再製的
物件的下方

Step 3 設定「火」特效－為文字設定「火」文字特效，使文字具有活力四射的動感。

可進行字體特效內側、中間、外側色彩的設定

特效－創意特效－字體特效

文字物件設定字體特效後的預視效果

1 執行「特效－創意特效－字體特效」功能

2 選擇特效為「火」

3 設定強度為「32」

4 單擊「確定」按鈕，執行「將目前畫格的特效套用至影像」功能

Step 4 加入「漸層光線」特效－在前一個特效基礎上再加上「漸層光線」文字特效，美化文字。

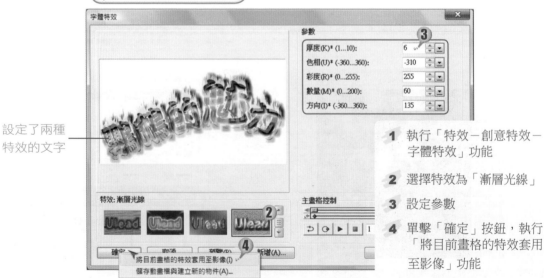

特效－創意特效－字體特效

設定了兩種特效的文字

1 執行「特效－創意特效－字體特效」功能

2 選擇特效為「漸層光線」

3 設定參數

4 單擊「確定」按鈕，執行「將目前畫格的特效套用至影像」功能

　　對於封面文字中的關鍵字，可以在「字體特效」對話方塊中為它們設定特殊的字體特效，以製作不同凡響的文字效果。

5-5 裝飾封面

經由前面的設計，一個有意涵又有設計感的封面就算完成了。不過相信求好心切的您應該還會想要再加以補強美化一下吧？所以接下來，就要針對不足的部分進行版面的美化，希望能讓封面作品盡善盡美。

重點掃描
✤ 繪製裝飾封面的星形物件
✤ 旋轉圖形物件的角度
✤ 設定圖形的色彩
✤ 設定圖形的透明度

實例教戰－裝飾封面

下面將透過「 🔲 路徑繪圖工具」繪製裝飾圖形，然後旋轉圖形的角度，設定圖形色彩和透明度，美化封面。

裝飾封面前的效果

裝飾封面後的效果

◎ 練習檔案：..\Example\Ex05\裝飾封面.ufo
◎ 成果檔案：..\Example\Ex05\裝飾封面_Ok.ufo

繪製星形－用「選取形狀」選單中所提供的「5點星形」，繪製大小不一的星形圖案。

1 選擇「🔲 路徑繪圖工具」

2 選擇「星形」形狀

3 取消勾選「框線」核取項

4 拖曳繪製星形

5 單擊選取星形，將星形拖曳放到合適的位置

用同樣的方法繪製出其他的星形。

調整角度－用「變形工具」旋轉星形的角度，形成多種不同的擺放效果。

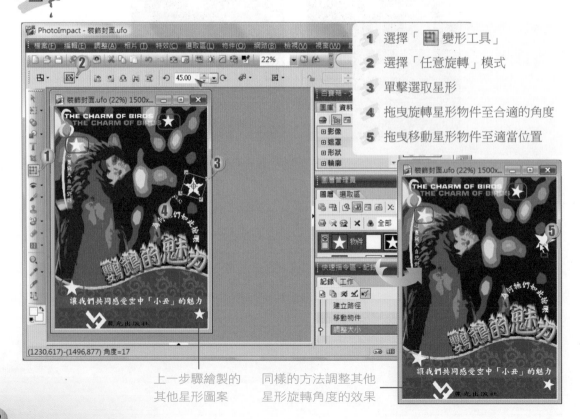

1 選擇「🔲 變形工具」

2 選擇「任意旋轉」模式

3 單擊選取星形

4 拖曳旋轉星形物件至合適的角度

5 拖曳移動星形物件至適當位置

上一步驟繪製的其他星形圖案　　同樣的方法調整其他星形旋轉角度的效果

Step 3 設定透明度－為部分星形設定透明度，使星形物件呈現出半透明的效果。

1 選擇「 🖼 路徑繪圖工具」

2 雙擊展開「圖層管理員」面板

3 單擊選取星形

4 設定透明度為「50」

用同樣的方法設定其他星形的透明度都為「50」

Step 4 設定色彩－設定半透明的星形物件色彩為「黑色」，製作出另一種星形效果。

1 單擊選取星形

2 執行「編輯－填充」功能

3 設定星形色彩為「#000000（黑色）」

4 單擊「確定」按鈕

用同樣的方法為另一星形設定相同色彩的效果

　　強化後的封面較原來的豐富許多。相信您對整個封面設計流程應該都大致瞭解了，不只是雜誌、書籍，諸如報告封面、企劃書封面等，皆可循此方法來設計，相信加上您的巧思，必然能設計出美輪美奐的作品。

學習評量

選擇題

1.(　) 若要將繪製的橢圓形物件與星形物件合併成單一物件,可以透過下列哪一項功能達成?

　　(A)合併成單一物件　(B)再製　(C)選取所有物件　(D)擷取物件。

2.(　) 如果想要將選取的材質照原始大小填充為背景,要選擇哪一種模式?

　　(A)不調整材質的大小　(B)維持寬高比
　　(C)任意調整大小　　　(D)都可以。

3.(　) 若要將文字設定為彎曲的環繞效果,可以透過下列哪一個對話方塊進行設定?

　　(A)填充　(B)彎曲　(C)文字　(D)淡出。

4.(　) 若要為文字設定「玻璃」的字體特效,可以透過下列哪一項功能來達成?

　　(A)字體特效　(B)填充　(C)漸層　(D)彎曲。

5.(　) 若要為文字填充「日落」的材質,可以在「填充」對話方塊的哪一個籤頁中進行設定特效?

　　(A)色彩　(B)漸層　(C)材質　(D)影像。

實作題

牛刀小試－基礎題

1. 通常書籍封面都會加上內容的介紹,讓讀者能快速瞭解書籍概況,封面文字能吸引讀者的目光,這本書就成功一半了。以下讓我們使用本章所學習的設定文字特效的方法,為封面文字設定特效,製作出搶眼的文字效果。

原始封面　　　　　　　　設定文字特效後的封面

◎ 練習檔案：..\Example\Ex05\Practice\製作特效文字.ufo
◎ 成果檔案：..\Example\Ex05\Practice\製作特效文字_Ok.ufo

提示：

a. 選擇「挑選工具」，選取「鸚鵡的魅力」文字物件並按下Shift＋D快速鍵再製一個
物件，然後選取下層的「鸚鵡的魅力」文字物件，準備設定文字特效。

b. 執行「特效－創意特效－字體特效」功能，在開啟的「字體特效」視窗中選擇
「火」特效，設定強度為「33」，最後單擊「確定」按鈕，執行「將目前畫格的特
效套用至影像」功能。

c. 再執行「特效－創意特效－字體特效」功能，在開啟的「字體特效」視窗中選擇
特效為「烙印」，設定柔和度為「50」、厚度為「5」、程度為「60」、方向為
「-180」，最後單擊「確定」按鈕，執行「將目前畫格的特效套用至影像」功能。

大顯身手－進階題

1. 如果雜誌有附著小禮品，如桌曆、書籤等，若能在雜誌封面處進行標示，
不但可以美化封面，還可以達到促銷的作用。就讓我們使用本章學習繪製各
種形狀物件的方法，為封面繪製圓角矩形形狀，並為其設定半透明的玻璃特
效，最後再輸入說明文字，以製作富有吸引力的封面作品。

原始封面　　　　　　　　　　　　設計後的效果

◎ 練習檔案：..\Example\Ex05\Practice\設計封面.ufo
◎ 成果檔案：..\Example\Ex05\Practice\設計封面_Ok.ufo

提示：

a. 選擇「🖼 路徑繪圖工具」，在工具列上設定色彩為「#FFFFFF（白色）」、選擇「圓角矩形」形狀，取消勾選「框線」核取項，在影像中拖曳繪製圓角矩形。

b. 選取上圓角矩形所在的圖層，按下Shift＋D快速鍵，再製一個相同的物件，並選取該物件，在工具列中設定其色彩為「#FF0000（紅色）」。

c. 選擇「🖼 變形工具」，在工具列中選擇「調整大小」模式，拖曳調整紅色的圓角矩形物件略小於下層的白色圓角矩形。

d. 執行「特效－填充與材質－材質濾鏡」功能，選擇「半透明玻璃」特效，設定材質影像類型為「glass001.bmp」，設定縮放百分比為「100」，程度百分比為「9」，平滑度百分比為「2」，最後單擊「確定」按鈕，執行「將目前畫格的特效套用至影像」功能，為紅色圓角矩形物件設定材質特效。

e. 選擇「🈺 文字工具」，在紅色圓角矩形上單擊指定輸入點，設定文字色彩為「#FFFFFF（白色）」、字型為「華康特粗楷體（P）」、大小為「70」，然後輸入文字「隨書附送精美小桌曆」。

自然美聲－
CD包裝全套

6

標籤製作

    創意影像範本：具備影像置入區的創意範本

    插入影像物件：從各種來源插入影像物件

    文字/影像轉成路徑：將文字或影像物件轉成路徑物件

封面製作

    卡通：讓影像變成卡通效果的一種藝術特效

    陰影：為物件加上陰影效果

    框線：為文字/路徑物件加上外框

6-1 標籤製作

　　許多人都很喜歡聽音樂，所以MP3隨身聽大行其道，不過以WAV格式的音樂來說，一首也許會大到數十MB以上，當收集的音樂太多時，為了好好地保存，通常會將其燒錄成光碟。但光碟片的標籤千篇一律，如果能製作出一個屬於該類音樂的標籤，那將會讓您的音樂收藏更為專業。PhotoImpact提供了可自行設計CD\DVD標籤的功能，讓您快速地製作光碟標籤。

重點掃描
- 開啟創意影像範本
- 套用CD範本樣式
- 刪除多餘圖層及基底影像
- 插入影像物件
- 調整圖層影像位置及大小
- 設定文字內容
- 轉換文字物件類型為路徑

創意影像範本

　　創意影像範本提供了豐富的樣式，有賀卡、CD\DVD標籤、邊框、菜單\立卡、卡片等，當我們要設計諸如此類的作品時，不妨先來看看有沒有可以直接套用的創意範本。

可選擇創意影像範本種類

範本樣式

預覽區

色相與彩度

　　透過色相與彩度的調整，可以調整相片色彩的色相、彩度、明亮度來完成設計，同時可選取不同的調整方法，包含主色、範圍、上色等三種。

原始影像

修改彩度後
的效果

色相、彩度、
明亮度值

調整方法

實例教戰－設計特色標籤

下面將透過開啟創意影像範本，套用一種光碟標籤樣式，接著刪除多餘圖層及基底影像，重新添加影像並調整效果，做出創意十足的光碟標籤。

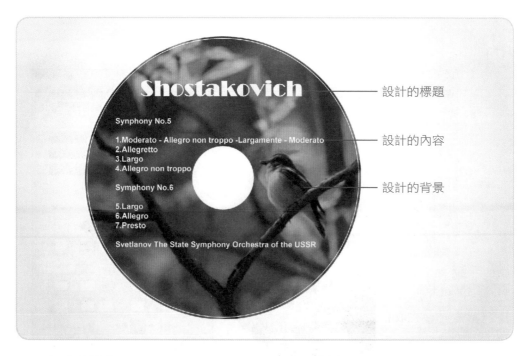

設計的標題

設計的內容

設計的背景

◎ 素材檔案：..\Example\Ex06\bird01.jpg、symphony01.txt
◎ 成果檔案：..\Example\Ex06\特色標籤_Ok.ufo

Step 1

套用創意影像範本－開啟「創意影像範本」對話方塊，套用範本。

檔案－分享－創意影像範本

所選樣式的
預覽效果

1 執行「檔案－分享－創意影像
範本」功能

2 選擇「CD/DVD標籤」選項

3 選擇「CD 9（CD標籤）」樣式

4 單擊「確定」按鈕

Step 2

刪除多餘圖層－刪除多餘圖層影像，保留遮罩以備後續使用。

1 單擊「 」顯示或隱藏
圖層管理員」按鈕

2 按下Ctrl鍵，依次選取中
間四個圖層

3 按下Delete鍵刪除選取
的四個圖層

Step 3 刪除基底圖層上的影像內容－按下Delete鍵刪除基底圖層上的影像內容。

1 選擇基底圖層

2 按下Delete鍵刪除影像

 補給站

刪除「基底影像」後，並不會真正刪除該圖層，因為基底圖層是不能被刪除的，所刪除的只是其上的影像內容。

Step 4 插入影像物件－插入影像物件，然後調整至底層。

物件－插入影像物件－從檔案

1 執行「物件－插入影像物件－從檔案」功能

2 選擇檔案儲存路徑

3 選取圖片

4 單擊「開啟舊檔」按鈕

5 拖曳圖片物件到下一層

Step 5 調整影像大小－上下拖曳調整擴大影像圖片，並移動圖片到合適位置。

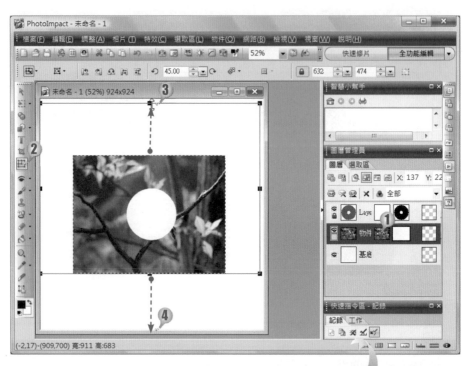

1 選擇「bird01.jpg」物件圖層

2 選擇「 變形工具」

3 向上拖曳中間的控點以調整
擴大影像至上邊界

4 向下拖曳中間的控點以調整
擴大影像至下邊界

5 拖曳影像調整鳥兒的位置

Step 6

調整色相與彩度－調整色彩的色相、彩度及明亮度，使影像展現更為柔和的色彩效果。

1 相片－色彩－色相與彩度

1 執行「相片－色彩－色相與彩度」功能

2 設定色相為「0」，彩度為「8」，明亮度為「-18」

3 單擊「確定」按鈕

Step 7

設定文字內容－設定文字字型、色彩、大小及內容，貼上曲目文字內容。

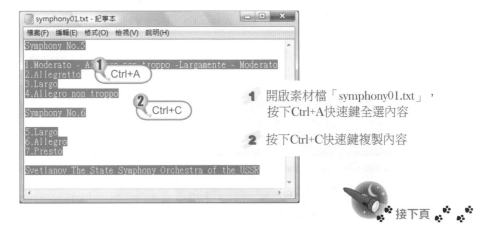

1 開啟素材檔「symphony01.txt」，按下Ctrl+A快速鍵全選內容

2 按下Ctrl+C快速鍵複製內容

接下頁

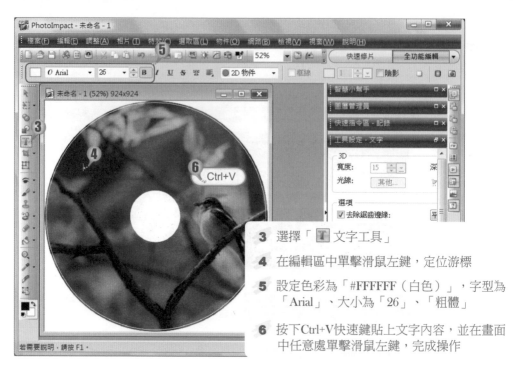

3 選擇「 T 文字工具」

4 在編輯區中單擊滑鼠左鍵,定位游標

5 設定色彩為「#FFFFFF(白色)」,字型為「Arial」、大小為「26」、「粗體」

6 按下Ctrl+V快速鍵貼上文字內容,並在畫面中任意處單擊滑鼠左鍵,完成操作

Step 8 轉換物件類型－將貼上的文字轉成路徑,便於傳送列印。

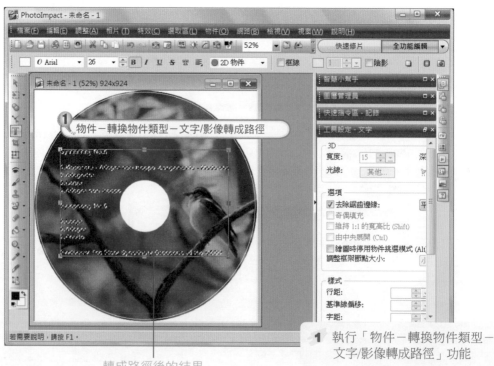

轉成路徑後的結果

1 執行「物件－轉換物件類型－文字/影像轉成路徑」功能

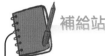

補給站

PhotoImpact的物件類型分為「文字」、「影像」、「路徑」三種，各種物件類型皆有其專屬的操作，所得的效果也不同，可以根據想要得到的效果，轉成適合的物件類型再進行相關處理。最常用的是影像物件，其可以使用工具箱中大部分的工具進行處理，此外，自製創意範本時所建立的影像置入區必須為影像物件；路徑物件的特點是可以隨意編輯物件的外觀、形狀輪廓；文字物件則可以在文件中編輯文字內容。針對步驟八置入的文字而言，如果想要文字的外觀形狀隨意變形，則可將其轉成路徑物件，再調整路徑形狀；如果想要在不同電腦中編輯，可將其轉成影像物件，就不用擔心因為字型的缺漏而導致文字顯示效果失真。

Step 9 設定標題－重複前兩步的操作，設定標題文字內容為「Shostakovich」，字型為「Broadway BT」，大小為「70」。

1 設定標題文字

CD/DVD標籤的設計工作至此告一段落，其製作就是如此之簡單。有了精美的CD/DVD，若能再加上專屬的CD/DVD外包裝，那就更好了。在下一節中，我們將會詳細介紹如何製作光碟封面。

6-2 封面製作

在為CD/DVD光碟製作完成專業級的標籤之後，當然要有一個美麗的CD/DVD盒來加以包裝，除此之外，一般光碟包裝上一定會有該光碟內容的曲目等資訊，這部分也要同時製作在封面上，這樣才算是完整的一套光碟產品，不論收藏或送人都相當不錯。

重點掃描
- 從資料庫中套用CD/DVD標籤
- 套用卡通特效於影像中
- 設定字型陰影
- 添加文字框線
- 利用路徑繪圖工具繪製圖形
- 調整物件的透明度

藝術特效

在「特效」功能表下的「藝術」選單中包含了19種藝術效果，為影像套用藝術特效可以讓平淡無奇的影像產生藝術風味。

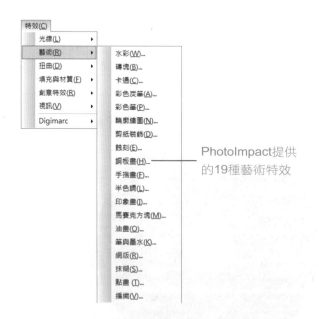

PhotoImpact提供的19種藝術特效

套用「藝術」特效既方便又實用，因為它提供了多種模擬水彩、油畫、炭筆等媒介的效果，可以讓影像自由變化為各種類型的素材作品。而且這19種藝術效果都有專屬的參數設定，使用者可根據需要設定相關參數以自訂特效，如有範本，則可直接套用快速範本，完成影像特效處理。下圖將以印象畫為例子，設定其密度、筆畫長度、筆畫寬度、大小差異度、色彩差異度及筆畫阻光度的參數，並選擇套用材質樣式，使其產生出印象畫效果。

調整相關參數及套用素材後的預覽區

原始圖片

可調整的參數

實例教戰—設計CD包裝封面

下面將透過套用光碟封面樣式並插入新影像圖片，接著對新影像進行色彩白平衡及卡通特效處理，最後添加文字並美化，使其產生出美麗的特殊效果。

運用「路徑繪圖工具」繪製的透明矩形

輸入的文字內容

背景影像

◎ 素材檔案：..\Example\Ex06\bird02.jpg、symphony02.txt
◎ 成果檔案：..\Example\Ex06\光碟封面_Ok.ufo

PhotoImpact X3 實用教學寶典

Step 1 套用CD/DVD標籤－套用創意影像範本的「光碟底部封面」樣式取得標準尺寸，然後移除多餘物件，準備全部換新。

1 展開百寶箱

2 切換至「資料庫」籤頁

3 展開「創意影像範本－CD/DVD標籤」項目

4 雙擊「CD9（CD底部封面）」縮圖

5 按兩次Delete鍵

 補給站

從百寶箱中套用「創意影像範本」的方法，與執行「檔案－分享－創意影像範本」功能的方法是一樣的，設計者可根據使用習慣來選擇最適合的方法。

Step 2 插入影像物件－插入影像物件作為光碟底部封面。

物件－插入影像物件－從檔案

1 執行「物件－插入影像物件－從檔案」功能

2 選擇素材資料夾路徑

3 選取「bird02.jpg」圖片

4 單擊「開啟舊檔」按鈕

Step 3 調整大小－調整所插入圖片的大小，使之占據整個版面。

1 按下快速鍵Q執行「變形」功能

2 向上拖曳控點

3 向下拖曳控點

PhotoImpact X3
實用 教學寶典

Step 4 調整影像「色彩白平衡」－調整圖像色彩，挑選適合的區域將呈現的效果。

① 相片－色彩－白平衡

原始圖片預覽區　　　　　　　　　調整後的影像預覽區

1 執行「相片－色彩－白平衡」功能
2 單擊「 🖌 陰暗」按鈕
3 單擊「確定」按鈕

 補給站

在「白平衡」對話方塊中，執行「挑選色彩」功能後，可在左邊的
原始圖片中選取色彩，依所選取的區域不同，會產生不同的效果。

Step 5 設定「卡通」特效－選擇卡通特效，套用樣式並設定細節。

① 特效－藝術－卡通　　原始影像　　　　設定後的影像預覽區

1 執行「特效－藝術－卡通」功能

2 選擇「平面」選項

3 設定細節為「50」

4 單擊「確定」按鈕

Step 6 調整「亮度與對比」－適當增強亮度與對比，讓整個畫面更明亮。

① 相片－光線－亮度與對比

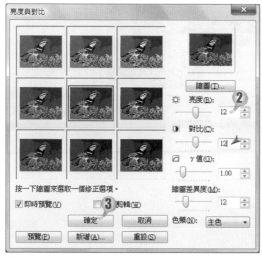

1 執行「相片－光線－亮度與
　對比」功能

2 設定亮度與對比皆為「12」

3 單擊「確定」按鈕

Step 7 輸入第一列文字－選擇「文字工具」並設定文字色彩、字型及字體大小，然後輸入文字內容於影像編輯區中的適當位置。

1 開啟素材檔「symphony02.txt」，拖曳選取第一列文字

2 按下Ctrl+C快速鍵複製內容

3 選擇「 文字工具」

4 單擊定位游標於要輸入的位置

5 設定色彩為「#F7BC5B（淡黃色）」，字型為「Arial」，大小為「32」，樣式為「 粗體」

6 按下Ctrl+V快速鍵貼上文字內容

7 單擊版面其他位置

Step 8 輸入第二列文字－變更文字色彩及大小，貼上複製的文字內容。

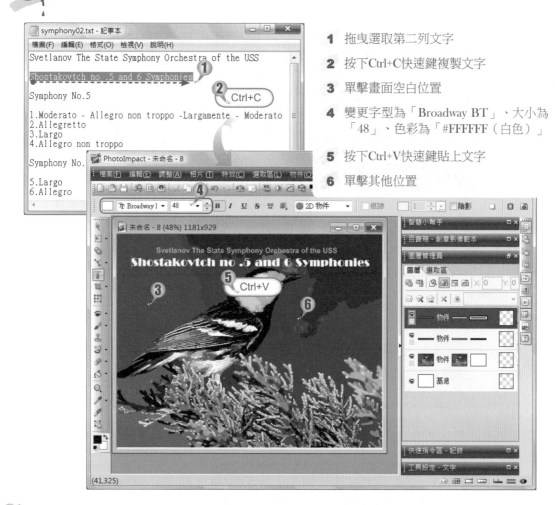

1 拖曳選取第二列文字

2 按下Ctrl+C快速鍵複製文字

3 單擊畫面空白位置

4 變更字型為「Broadway BT」、大小為「48」、色彩為「#FFFFFF（白色）」

5 按下Ctrl+V快速鍵貼上文字

6 單擊其他位置

Step 9 設計曲目文字－複製剩下的曲目文字，在影像中貼上。

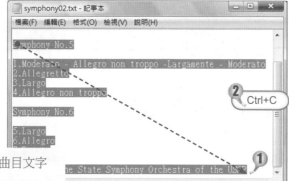

1 拖曳選取剩餘的曲目文字

2 按下Ctrl+C快速鍵複製文字

接下頁

3 單擊插入位置

4 變更色彩為「#F7BC5B（淡黃色）」，
字型為「Arial」，大小為「38」

5 按下Ctrl+V快速鍵貼上文字

Step 10 設定文字陰影－為使文字更清晰且有真實感，為之加上陰影效果。

1 選擇最上面的一列文字

2 勾選「陰影」核取項，
單擊「 ▣ 設定陰影
屬性」按鈕

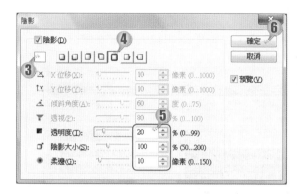

3 設定陰影色彩為「#D9D9D9
（淡灰色）」

4 選擇 □ 樣式

5 設定透明度為「20」，陰
影大小為「100」，柔邊為
「10」

6 單擊「確定」按鈕

添加文字框線－為了使文字更清晰，在曲目文字上添加框線和陰影。

1 選擇頂層圖層

2 勾選「框線」核取項

3 勾選「陰影」核取項

Step 12 輸入側邊文字－使用垂直輸入的方式，在影像兩側輸入垂直文字。

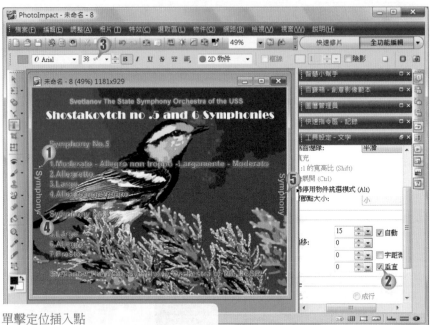

1 單擊定位插入點

2 在「文字」面板中勾選「垂直」核取項

3 變更文字大小為「38」

4 輸入文字「Symphony」

5 在右側輸入同樣的文字

　　利用PhotoImpact X3提供的範本可以快速製作出符合光碟內容風格的CD/DVD封面，如果想要燒錄一份特殊的音樂CD或是一段富紀念價值的影片來與他人分享，這時就可以很輕鬆的為它們製作美觀的封面與標籤，相信拿到的人一定會很高興的。

447自然

學習評量

選擇題

1.(　) 若要快速製作出CD/DVD標籤及封面，可利用PhotoImpact中的哪一項功能？
(A)創意影像範本　(B)資料庫　(C)百寶箱　(D)元件設計師。

2.(　) 若要調整圖片的光線，可使用下列哪一項功能？
(A)冷色系　(B)白平衡　(C)改善光線　(D)卡通。

3.(　) 透過下列哪一種工具可以幫助我們快速調整影像物件大小？
(A)印章工具　(B)變形工具　(C)放大鏡工具　(D)文字工具。

4.(　) 若要將圖稿傳送給客戶，但又怕對方沒有安裝對應的字型，可以先對文字進行什麼處理？
(A)添加框線　(B)添加陰影　(C)轉成路徑或影像　(D)以上皆非。

5.(　) 若要添加文字物件的陰影效果，可透過下列哪一項功能來完成？
(A)設定陰影屬性　(B)加入框線　(C)套用物件模式　(D)背景設計師。

實作題

牛刀小試－基礎題

1. 製作好CD/DVD標籤背景後，要是能再加上醒目又有意涵的標題，不僅增加可看性又能讓人了解CD內容。以下將為一個光碟標籤製作標題文字。

原始的CD標籤

添加標題之後
的效果

◎ 練習檔案：..\Example\Ex06\Practice\製作標籤文字特效.ufo
◎ 成果檔案：..\Example\Ex06\Practice\製作標籤文字特效_Ok.ufo

提示：

a. 選擇「 T 文字工具」，單擊光碟封面上部，設定字型為「微軟正黑體」、大小為「70」、色彩為「#006946（綠色）」、樣式為「 B 粗體」，輸入英文標題「Morning feelings」。

b. 在「圖層管理員」中選擇英文標題物件，勾選「框線」核取項，設定框線寬度為「6」、色彩為「#FFFFFF（白色）」；勾選「陰影」核取項，單擊「 ▣ 設定陰影屬性」按鈕，選擇 ▣ 樣式、設定透明度為「50」、陰影大小為「110」、柔邊為「80」。

c. 單擊定位插入點，變更文字大小為「40」，輸入文字「清晨的鳥語花香」。

大顯身手－進階題

1. 如果CD/DVD標籤上沒有美麗的背景圖片，那將會顯得很平淡而且沒有情趣。所以我們可以為CD/DVD標籤添上背景素材，使您的CD/DVD就跟外面買的一樣專業與精緻。

原始的CD標籤

添加背景後的效果

◎ 練習檔案：..\Example\Ex06\Practice\製作背景藝術特效.ufo
◎ 素材檔案：..\Example\Ex06\Practice\bird.jpg
◎ 成果檔案：..\Example\Ex06\Practice\製作背景藝術特效_Ok.ufo

提示：

a. 執行「物件－插入影像物件－從檔案」功能，選擇資料夾路徑，將素材檔案「bird. jpg」加入編輯區。

b. 選擇「 挑選工具」，單擊「 移至底層」按鈕。

c. 按下快速鍵Q執行「變形」功能，拖曳調整圖片使之填滿底層。

d. 調整圖片位置，使其中的小鳥影像完整顯示出來。

e. 選擇「 📋 文字工具」，在「圖層管理員」面板中選擇標籤標題「Morning feelings」物件，設定文字色彩為「#006946」，以同樣的方法修改中文標題的色彩。

合而為一－－
影像合成

7

等尺寸合成
　　等尺寸合成：將相同像素大小的影像，利用不同的模式合併成一張影像

智慧型合成
　　智慧型合成：從相同的場景中刷入和（或）刷除影像

高動態範圍
　　高動態範圍：從不同曝光度的相片中取得動態範圍，合成最佳影像

全景合成
　　全景合成：分段拍攝然後合為一張全景圖

7-1 等尺寸合成

在網路遊歷時，很多稀奇古怪的相片讓我們嘆為觀止，甚至令人不可置信。其實，很多不可思議的靈異照片、玄而又玄的恐怖影像、超乎想像的奇觀景色，只要經影像軟體稍做特殊處理即可呈現眼前，比如使用各種合成的功能，就可以得到原始影像中不存在的效果。在PhotoImpact中可以使用「透明度」、「遮罩」、「柔化物件邊緣」等功能對影像進行合成的處理；不過，還有更方便好用的影像合成功能，「等尺寸合成」就是其中一種，本節就來學習使用「等尺寸合成」功能來產生令人驚豔的影像。

> **重點掃描**
> ✦ 將熊貓、竹林兩張圖片合成為一張
> ✦ 調整色階使圖片呈現較佳的效果

等尺寸合成

等尺寸合成是利用「疊加原理」處理圖片的一種特殊方法，透過將一張以上的圖片進行不同模式的合併，例如合併「色相與彩度」、「明度」、「重疊」…等產生另一種效果；另外還可以選擇合併不同色頻、加上遮罩效果，產生更不同凡響的影像。要注意的是如果不同的圖片要進行等尺寸合成，其像素尺寸都必須相同才行。先開啟要等尺寸合成的所有圖片，執行「調整－等尺寸合成」功能，即可在「等尺寸合成」對話方塊中進行設定。

可選擇遮罩效果　　　　　　　　合成後的效果

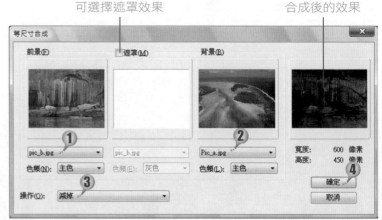

1 選擇一張圖片作為前景圖片

2 選擇另一張圖片作為背景圖片

3 選擇「操作」方式

4 單擊「確定」按鈕

色階

利用「色階」功能可以調整影像陰影、中間色調和高亮度的強度，藉此調整影像的色調範圍。分佈圖可作為調整影像黑色、灰色和白色色調的視覺指引。執行「相片－光線－色階」功能可開啟「色階」對話方塊。

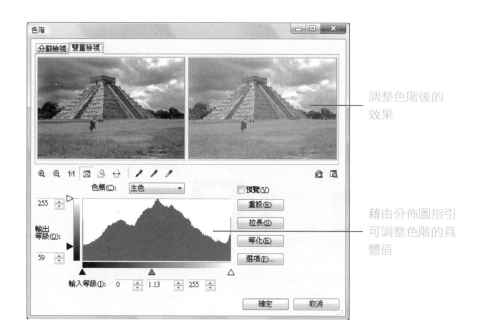

調整色階後的
效果

藉由分佈圖指引
可調整色階的具
體值

實例教戰－美麗狐仙

下面將先對三張圖片進行統一尺寸的調整，然後進行等尺寸合成，最後調整其色階，得到一張美麗狐仙的影像，以了解等尺寸合成的用途及操作流程。

合成前尺寸不同的
三張圖片

進行「等尺寸合成」
後的效果

◎ 練習檔案：..\Example\Ex07\等尺寸合成01.jpg～等尺寸合成03.jpg
◎ 成果檔案：..\Example\Ex07\等尺寸合成_Ok.jpg

Step 1 檢視圖片大小－從PhotoImpact中開啟三個練習檔案，檢視圖片大小後決定以何種尺寸進行裁切。

① 檔案－開啟舊檔

1 執行「檔案－開啟舊檔」功能

2 切換到練習檔所在的資料夾，拖曳選取三張圖片

3 單擊「開啟舊檔」按鈕

4 從標題列上檢視圖片的尺寸

Step 2

建立選取區－以固定尺寸的方式建立選取區，以便剪裁出來的影像能夠進行等尺寸合成。

指定尺寸
的選取區

1　選擇「等尺寸合成01.jpg」

2　選擇「　標準選取工具」

3　勾選「固定」核取項

4　設定寬、高皆為「500」像素

5　在畫布左上角單擊左鍵

Step 3

選擇影像區域－拖曳選取區到合適的位置，使區域內的畫面符合所需，然後進行剪裁。

1　單擊「　移動圈選框」按鈕

2　拖曳調整選取區的位置

3　按下Ctrl+R快速鍵剪裁

Step 4 等尺寸合成－透過「等尺寸合成」功能,設定細節以合成圖片。

① 調整－等尺寸合成

合成效果預覽

寬度: 500 像素
高度: 500 像素

1 執行「調整－等尺寸合成」功能　　5 設定遮罩為「等尺寸合成03.jpg」

2 設定前景為「等尺寸合成01.jpg」　　6 設定操作為「光線」

3 設定背景為「等尺寸合成02.jpg」　　7 單擊「確定」按鈕

4 勾選「遮罩」核取項

補給站

在進行等尺寸合成時,一般來說作為前景的圖片以具備醒目的主題影像為宜,如一隻動物、一個人、一束花,且此圖片中的背景宜簡單、單純,這樣合成的效果會更容易突出主題。如果作為前景的圖片背景不夠單純,或主題影像不夠突出,則可以透過套用遮罩來強調主題。

未加入遮罩的合成效果　　　加入遮罩的合成效果

Step 5

調整色階－透過調整色階，使合成的效果更加符合設計需求。

相片－光線－色階

調整色階後的影像效果

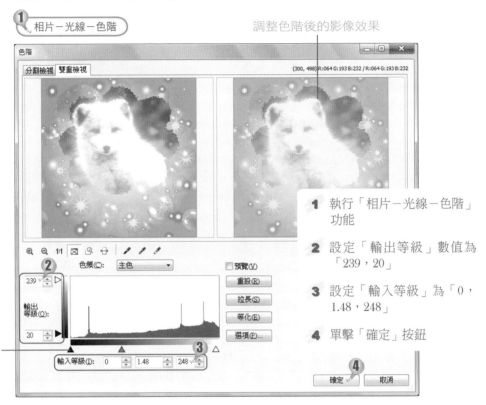

1 執行「相片－光線－色階」
功能

2 設定「輸出等級」數值為
「239，20」

3 設定「輸入等級」為「0，
1.48，248」

可使用拖曳
的方式調整
色階

4 單擊「確定」按鈕

Step 6

儲存檔案－在儲存選項中設定品質，然後儲存影像。

Ctrl+S

等尺寸合成01.jpg

等尺寸合成02.jpg

1 按下Ctrl+S快速鍵儲存

2 選擇儲存路徑

3 輸入檔案名稱

4 單擊「選項」按鈕

7 單擊「存檔」按鈕

接下頁

最佳化後的圖片

⑤ 設定品質為「100」

⑥ 單擊「確定」按鈕

　　本節我們學習了使用「等尺寸合成」功能合成影像的技巧，以十分簡單的步驟得到神奇完美的圖片，如果能善用遮罩及不同的「合併」色頻方式，還會得到更多風格的影像效果。

7-2　智慧型合成

　　在遊覽名勝古蹟時，想要拍幾張相片留念，往往畫面都沒辦法淨空，總有幾部車子或遊客搶鏡頭；或想拍張人像，證明到此一遊，卻常常有路人甲不經意的走過。出現這種煞風景的情形時，該怎麼辦？其實，只要多拍幾張相同場景的相片（可連拍幾張同一個畫面），透過PhotoImpact的「智慧型合成」功能，就可以除去不相干的人物或物體，重現令人滿意的作品。

重點掃描
❋ 將同一個場景在不同時間拍攝的影像合併在一個影像中

而「智慧型合成」功能也可以反其道而行，例如某個店家要營造門庭若市的感覺，即可將相機架設在固定的位置，分別拍攝不同時間來店的顧客，然後將所有的人都合成到畫面中即可。

智慧型合成

「智慧型合成」功能可讓您從影像中移除多餘的部分影像，前提是必須在相同場景中連續拍攝兩張以上的相片，如果要取得最佳的合成效果，所有相片都要具有相同的光圈、快門速度和ISO值。您甚至可透過保存和（或）刪除特定的物件或區域來延伸您的創意。「智慧型合成」視窗可以透過執行「相片－智慧型合成」功能來開啟。

智慧型合成
後的圖片

兩張原始圖片　　　　可以加入更多的圖片進行合成

實例教戰－熱鬧的牧場

下面使用「智慧型合成」功能，將在草原的同一個場景所拍攝三張馬群的相片進行合成，使草原上的影像由零星的幾匹馬變成頗具規模的馬群，讓草原變得更熱鬧。

三張練習圖片

合成後的效果

◎ 練習檔案：..\Example\Ex07\智慧型合成01.jpg～智慧型合成03.jpg
◎ 成果檔案：..\Example\Ex07\智慧型合成_Ok.jpg

Step 1

準備圖片－開啟三個練習檔，然後開啟「智慧型合成」視窗。

1 開啟三個練習檔案

2 執行「相片－智慧型合成」功能

3 單擊「確定」按鈕

Step **2** 處理第一張圖片－使用「 ☑️ 刷入筆刷工具」在影像上刷入作用區域。

1 選擇第一張圖片

2 選擇「 ☑️ 刷入筆刷工具」

3 在馬匹上塗抹

Step **3** 處理第二張圖片－切換至第二張圖片，使用相同的方法刷入作用區域。

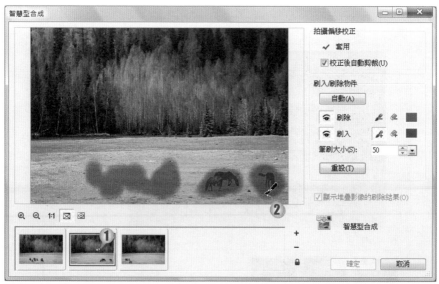

1 切換至第二張圖片

2 在影像上刷入作用區域

Step 4 智慧型合成－切換至第三張圖片,使用相同的方法刷入作用區域,然後進行智慧型合成。

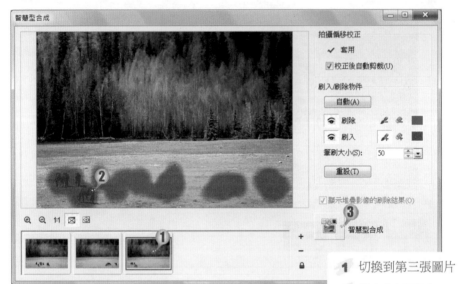

1　切換到第三張圖片

2　刷入作用區域

3　單擊「智慧型合成」按鈕

Step 5 預覽效果並確認－預覽合成後的效果,如果滿意效果即可單擊「確定」按鈕。

智慧型合成
後的效果

可再次單擊「　　」智慧型合
成」按鈕進行重新編輯

1　單擊「確定」按鈕

Step 6 儲存合成後的圖片－將圖片儲存為與原圖格式相同的檔案,也可儲存為UFO格式
檔案。

1 按下Ctrl+S快速鍵儲存

2 選擇檔案儲存路徑

3 輸入檔案名稱

4 單擊「存檔」按鈕

本節我們學習使用「智慧型合成」功能天衣無縫地製作出「假圖」,操作起來十分簡單;值得注意的是在刷入/刷除選取影像時需要將影像完全覆蓋,才能得到更佳的效果。此外,我們也可以使用一般的「選取工具」繪製選取區來合成這張影像,但相較之下,「智慧型合成」顯然技高一籌。

7-3 高動態範圍

「動態範圍」是一個專業術語,指攝影時影像內可捕捉的光線範圍,由於相機本身的侷限,相片往往不能同時取得「極暗」與「高亮」這兩種反差很大的光線範圍,因此會造成影像層次不夠分明的缺憾,針對此,PhotoImpact的「高動態範圍」功能可以有效地解決問題。下面就讓我們跟著實例來學習「高動態範圍」合成影像的方法。

> **重點掃描**
> ✤ 從不同曝光的相片中取得動態範圍合成最佳影像

高動態範圍

「高動態範圍」就是同時擁有最暗與最亮這兩種光線範圍。通常,我們的眼睛對影像光線的攝取量能夠達到這種程度,而數位相機感應器(或傳統相機中的底片)就不具備這種能力了。在強光或較暗的環境中,相機通常只能擷取到有限的光線範圍。若以足夠的曝光度來拍攝陰影區域(例如高山),則畫面中的天空部分就會過亮;配合天空部分,則高山的景色又會過暗。面對這種兩難的處境,可使用PhotoImpact的「高動態範圍」(HDR)來解決,利用結合相同場景的不同副本,並且使用不同的曝光值來擴充接收到的色調範圍,即可產生最佳影像。

值得注意的是,利用「高動態範圍」合成不能夠處理小於120×120像素的影像。

至少要兩張相片才能進行「高動態範圍」處理

單擊「合成影像」按鈕,即可建立高動態範圍的影像

實例教戰 – 高動態範圍

下面將對兩張在曝光上反差較大的相片進行「高動態範圍」處理,合成為一張具有較高動態範圍的光線層次豐富的相片。

具有較暗光線的相片　　　　　具有高亮度值的相片

進行高動態範圍
合成後的圖片

◎ 練習檔案：..\Example\Ex07\高動態範圍01.jpg～高動態範圍合成02.jpg
◎ 成果檔案：..\Example\Ex07\高動態範圍_Ok.jpg

Step 1 選取圖片－開啟兩個練習檔，然後開啟「高動態範圍」視窗。

1 在主視窗中開啟兩個
練習檔案

2 執行「相片－高動態
範圍」功能

3 單擊「確定」按鈕

Step 2 合成設定－設定讓軟體自動產生相機曲線，調整其光圈值間隔。

1 選擇「自動產生相機曲線」選項

2 設定「光圈值間隔」為「3」

3 單擊「 📷 高動態範圍」按鈕

Step 3 設定「最佳化」參數－在「最佳化」籤頁中設定其整體屬性及細節屬性。

1 設定整體的「對比」、「高亮度」、
「中間值」和「陰影」依次為「0」、
「-8」、「48」和「-8」

不變更「細節」群組中的值

Step
4 調整陰影與亮度的範圍－切換到「檢視」模式，調整陰影與高亮度的範圍。

1 單擊「 ⏺ 檢視」按鈕

2 設定「陰影與高亮度的範圍」
為「-22」

3 單擊「確定」按鈕

預覽調整的結果

Step
5 儲存檔案－將合成後的檔案存成相同的格式或UFO格式檔案。

1 按下Ctrl+S快速鍵儲存

2 選擇檔案儲存路徑

3 選擇存檔類型

4 輸入檔案名稱

5 單擊「存檔」按鈕

本節我們學習了使用高動態範圍來處理光線層次不夠豐富的相片，使用高動態範圍來合成時，並不一定要使用相機拍攝多張不同動態範圍的相片，也可以透過PhotoImpact的相關功能，將相片進行調整曝光值的處理，然後再進行高動態範圍的合成。

7-4 全景合成

全景圖簡單地說就是視野廣闊的相片。一般照相機的視域廣度有限，即使用廣角鏡頭，也難以拍攝出廣闊的全景，有些攝影師會選擇將場景分段拍攝然後用軟體合併的方法來製作全景圖，比如使用PhotoImpact「全景合成」功能自動合成全景圖。以下就是製作全景圖的操作示範。

> **重點掃描**
> ❋ 將分段拍攝的影像合成為一張全景的圖片

實例教戰－合成全景圖

本例將透過使用PhotoImpact中的「全景合成」功能，將三張在大草原不同範圍拍攝的相片，自動合成一張視野遼闊的全景圖。

分段拍攝的圖片

自動合成的全景圖

◎ 練習檔案：..\Example\Ex07\tiger01.jpg～tiger03.jpg

◎ 成果檔案：..\Example\Ex07\全景合成_Ok.jpg

Step 1　開啟練習檔案－在主視窗中開啟三張練習檔案，然後開啟「全景合成」視窗。

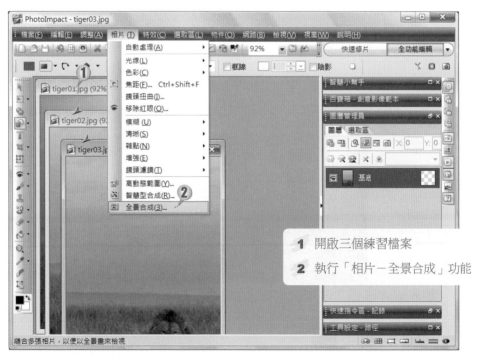

1 開啟三個練習檔案

2 執行「相片－全景合成」功能

Step 2 自動縫合－選擇縫圖順序，進行縫圖預覽。

1 單擊「 ⤵ 」以檔名
　遞增的方式排序
　縮圖」按鈕

2 單擊「 ◉ 縫圖預
　覽」按鈕

Step 3 確認縫圖－確認縫圖無誤，則可以回到主視窗中進行細部的編修。

1 單擊「確定」按鈕

縫圖預覽效果

Step 4 剪裁圖片-透過「剪裁工具」將圖片邊緣剪裁整齊。

1 選擇「🔲 剪裁工具」

2 拖曳選取剪裁區域

3 在剪裁區域上雙擊左鍵
進行剪裁

在合成全景圖的過程中,除了注意縫圖順序之外,所使用的分解相片最好互有重
疊部分,這樣軟體會自動識別結合位置,才能合成得「天衣無縫」。

PhotoImpact X3
實用 教學寶典

✎ 學習評量

選擇題

1.(　)　下列哪一種不是PhotoImpact提供的影像合成功能？
　　　　(A)刷淡　(B)智慧型合成　(C)等尺寸合成　(D)高動態範圍。

2.(　)　想要製作帶點靈異效果的相片，可以使用下列哪一種功能？
　　　　(A)等尺寸合成　(B)高動態範圍　(C)智慧型合成　(D)變形工具

3.(　)　拍攝了兩張相同位置海岸的風景相片，但想將其中的人物移除時，通常可以使用哪一種方法快速完成？
　　　　(A)柔化　(B)等尺寸合成　(C)智慧型合成　(D)高動態範圍。

4.(　)　使用哪一種功能編輯的影像物件大小不得小於120×120像素？
　　　　(A)色階　(B)等尺寸合成　(C)高動態範圍　(D)智慧型合成。

5.(　)　欲使相片具有更豐富的光線層次時，可以使用下列哪一種功能？
　　　　(A)清晰　(B)等尺寸合成　(C)高動態範圍　(D)智慧型合成。

實作題

牛刀小試－基礎題

1.　為了表現相片中最佳的光線效果，現在使用高反差的曝光值為樓閣拍了兩張相片，請使用PhotoImpact的「高動態範圍」功能從兩張圖片中提取動態範圍合成為光線層次更為豐富的相片。

　　　　　　　　　　　　　　　　　　　　　　　　　　　　　　　── 原始相片

—— 處理後的效果

◎ 練習檔案：..\Example\Ex07\Practice\高動態範圍01.jpg~高動態範圍
02.jpg

◎ 成果檔案：..\Example\Ex07\Practice\高動態範圍_Ok.jpg

提示：

a. 開啟兩個練習檔後，執行「相片－高動態範圍」功能，單擊「確定」按鈕。

b. 選擇使用相機曲線為「Panasonic」，單擊「智慧型合成」按鈕進行合成。

c. 變更「整體」項目中的「高亮度」為「50」，「陰影」為「-50」，其餘保持不
變，單擊「確定」按鈕。

大顯身手－進階題

1. 在拍攝了三張相同場景的影像後，希望透過合併功能將相片中的三個杯子合
成在一起而不改變其背景，請使用「智慧型合成」功能來完成本題。

三張相片中的杯子在不同位置

合成後的相片中
有三只杯子

◎ 練習檔案：..\Example\Ex07\Practice\智慧型合成01.jpg～智慧型合成
　　03.jpg
◎ 成果檔案：..\Example\Ex07\Practice\智慧型合成_Ok.jpg

提示：

a. 選取三張相片開啟到PhotoImpact中，執行「相片－智慧型合成」功能，單擊
　 「確定」按鈕。

b. 使用「刷入」的方式刷入前兩個杯子。

c. 刷入第三個杯子，然後單擊「智慧型合成」按鈕。

d. 確認效果理想之後，單擊「確定」按鈕。

創造個人品牌－
名片製作

8

製作名片背景

　　填充：百寶箱圖庫中供填充用的色彩、影像、材質
　　材質：為物件影像加入各種多變的材質
　　色彩：對物件填充單一顏色及雙色、多色漸層

主題物件製作

　　貝茲選取工具：繪製平滑的不規則形狀或輪廓
　　路徑繪圖工具：繪製各種形狀的圖形

製作Logo

　　變形工具：對物件進行放大、縮小、旋轉等操作
　　字體特效：設定文字的字體特效
　　輪廓繪圖工具：繪製各種形狀的輪廓圖案
　　結合套用：文字結合路徑得到彎曲效果

排版內容

　　文字工具：輸入文字及調整文字
　　挑選工具：任意調整物件的位置

8-1 製作名片背景

在名片中，背景主要是為了烘托主題，所以一張令人印象深刻的名片，必然要經過一番設計。本節將透過「材質濾鏡」簡單製作出半透明玻璃與浮雕效果，加入藝術家材質樣式，透過設定藝術家材質的透明度，避免了色彩上的太大反差，而且在整個背景部分，填充了多色的漸層效果，讓整個背景絢麗奪目。

重點掃描
* 利用特效功能為影像填充材質
* 利用色彩工具為影像填充色彩
* 利用百寶箱為影像加入材質樣式

填充圖庫

百寶箱是PhotoImpact影像設計的好幫手，前面已介紹過圖庫與資料庫，本節的重點為「填充圖庫」的運用。填充圖庫提供了豐富的影像與材質樣式，無論是套用作為影像的背景，或為物件套用填充影像與材質都很合適，減少了花費心思四處收集素材的麻煩。

套用填充樣式時，可以先選取物件，再雙擊或拖曳套用所需的影像或材質；當為背景填充時，亦可不選擇任何物件，直接雙擊填充樣式。

「藝術家材質」填充效果

實例教戰－製作名片背景

下面將在一個名片檔案的基底填充漸層色彩，然後從材質中加入元素，最後合併所有圖層，以完成名片背景的設計。

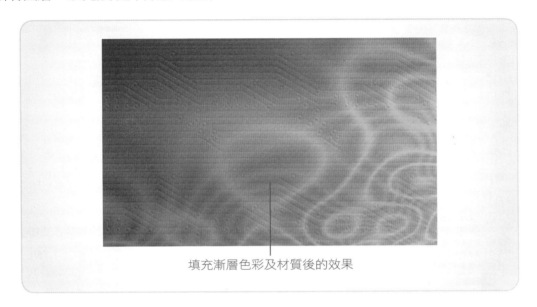

填充漸層色彩及材質後的效果

◎ 練習檔案：開新檔案
◎ 成果檔案：..\Example\Ex08\製作名片背景_Ok.ufo

Step 1

建立名片檔案－以標準尺寸建立名片檔案，便於設計出的成果具備實用性。

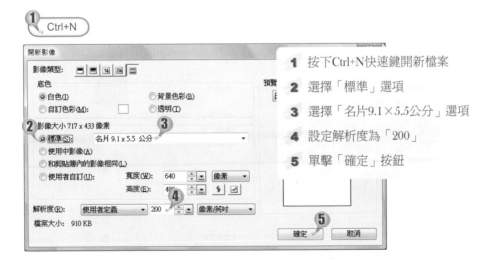

1 按下Ctrl+N快速鍵開新檔案

2 選擇「標準」選項

3 選擇「名片9.1×5.5公分」選項

4 設定解析度為「200」

5 單擊「確定」按鈕

Step 2 漸層填色－選擇「漸層填充工具」，在屬性工具列中選擇填充的類型及要填充的色彩，拖曳填充漸變色。

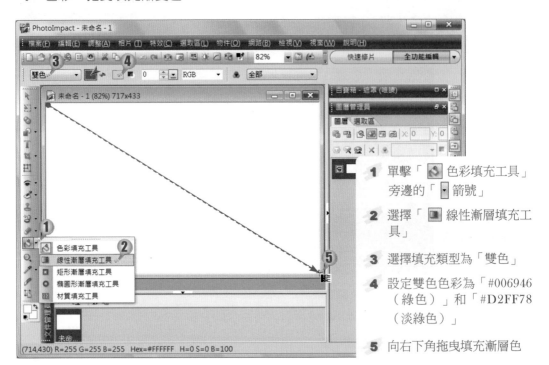

1 單擊「⬚ 色彩填充工具」旁邊的「▾ 箭號」

2 選擇「⬚ 線性漸層填充工具」

3 選擇填充類型為「雙色」

4 設定雙色色彩為「#006946（綠色）」和「#D2FF78（淡綠色）」

5 向右下角拖曳填充漸層色

Step 3 加入材質－在「材質濾鏡」對話方塊中，選擇特效材質加入到影像中。

特效－填充與材質－材質濾鏡

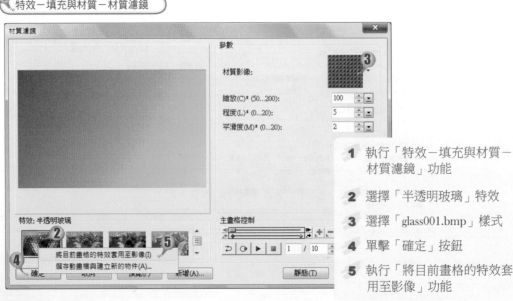

1 執行「特效－填充與材質－材質濾鏡」功能

2 選擇「半透明玻璃」特效

3 選擇「glass001.bmp」樣式

4 單擊「確定」按鈕

5 執行「將目前畫格的特效套用至影像」功能

Step 4 再次加入材質－再次加入另一種特效材質，並調整材質的屬性。

① 特效－填充與材質－材質濾鏡

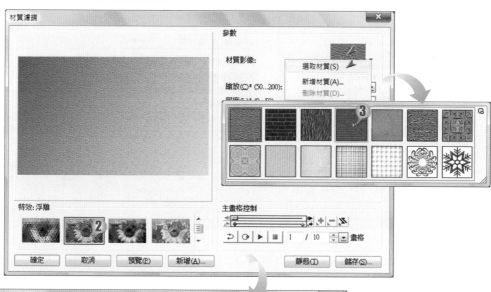

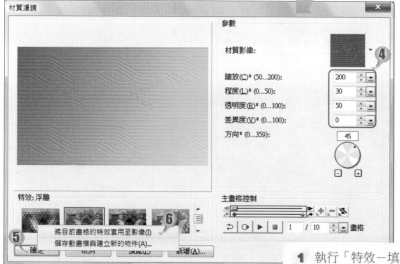

1 執行「特效－填充與材質－材質濾鏡」功能

2 選擇「浮雕」特效

3 選擇「emboss004.bmp」材質

4 設定材質影像縮放為「200」，程度為「30」，透明度為「50」，差異度為「0」

5 單擊「確定」按鈕

6 執行「將目前畫格的特效套用至影像」功能

Step 5 再製圖層－在「圖層管理員」面板中選取基底影像，並再製兩個圖層，以便後續加入另一種材質。

再製的兩個
物件圖層

1 在基底影像上單擊右鍵，執行「再製」功能，然後重複一次

Step 6 填充色彩－選取頂層圖層，在此圖層上填充另一種漸層色。

Ctrl+F

1 單擊頂層圖層

2 按下Ctrl+F快速鍵，開啟「填充」對話方塊

3 切換至「漸層」籤頁，選擇「多色」選項

4 單擊「確定」按鈕

5 選擇「 挑選工具」

6 設定物件透明度為「90」

Step 7 套用填充效果－從百寶箱選擇合適的樣式填充到中層影像中。

1 選擇中間一層物件

2 切換至「圖庫」籤頁

3 依次展開「影像增強－填充－
藝術家材質」項目

4 雙擊「AT29」樣式縮圖

5 設定物件的透明度為「80」

透過上面的製作，將名片的背景設計製作完成後，下面就要製作名片中最關鍵的主題物件了。

8-2 主題物件製作

名片多半是以文字資料為主，然後輔以漂亮的背景，而背景主題物件的製作一般來說都需要與名片的主題相關聯，這樣才容易讓人一眼就能得到名片的資訊，有助於加深印象，而且也有一定的美化作用。下面透過「貝茲選取工具」繪製裝飾物件，再設定透明度等效果，製作合成名片的背景影像。

重點掃描
* 利用「貝茲選取工具」
  編輯路徑
* 利用「路徑繪圖工具」
  繪製裝飾物件

貝茲選取工具

使用「🖼️ 貝茲選取工具」可以透過節點建立平滑的不規則形狀或輪廓，並且可以由輪廓轉成為選取區，這也是建立不規則選取區的常用手法。在使用「貝茲選取工具」時，我們可以先建立大致的形狀或輪廓，然後單擊「🔲 切換選取模式」按鈕，進行細部編輯。

先選擇「🖼️ 貝茲選取工具」，單擊建立路徑的節點，然後透過單擊要繪製的曲線並拖曳，就可以繪製出曲線的路徑。

繪製曲線路徑

路徑繪圖工具

「🔲 路徑繪圖工具」可以繪製出各種圖形，例如矩形、正方形、圓角矩形等，利用曲線的特性可以繪製不規則圖形，但是這些不規則圖形都需要自己手動，而且結果未必令人滿意，有什麼方法可以直接又快速地達到相同的目的呢？這時我們不妨考慮路徑繪製技巧－自訂形狀。

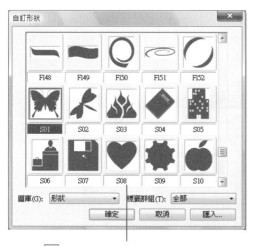

在「🅟 路徑繪圖工具」的「自訂形狀」
對話方塊中提供了大量的圖形

使用自訂形狀繪製的效果圖

實例教戰－主題物件製作

　　本例將以上一節建立好的背景為基礎，加入「貓熊」主題物件建立一個名片檔案，調整透明度及柔邊效果；再繪製裝飾物件，同樣調整透明度，讓物件與背景相融合。

已設計好主題物件的效果

◎ 練習檔案：..\Example\Ex08\主題物件製作.ufo
◎ 素材檔案：..\Example\Ex08\panda.jpg
◎ 成果檔案：..\Example\Ex08\主題物件製作_Ok.ufo

Step 1

選取主題物件－選擇「貝茲曲線工具」後，沿著主題物件的輪廓逐一單擊繪製節點。

圍繞主題物件建立的閉合路徑

1 開啟素材檔案，選擇「 」貝茲選取工具」

2 單擊建立節點，單擊下一點連成直線，拖曳成曲線

Step 2

編輯選取區路徑－在建立節點時，出現繪製的路徑不符合需求時，可以對其進行編輯。

1 單擊「 」編輯現有的選取區」按鈕

2 在要編輯的直線上單擊右鍵，執行「轉換成曲線」功能

3 單擊節點，使扳手出現

4 拖曳扳手改變路徑的弧度

Step 3 拖曳複製物件－選取主題物件範圍後，選擇「標準選取工具」，拖曳物件到練習
檔案中。

1 選擇「 ▦ 標準選取工具」

2 單擊物件並拖曳到練習檔
案中

Step 4 調整物件－在維持寬高比的狀態下，調整主題物件的大小，並拖曳到適當位置。

1 選擇「 ▦ 變形工具」

2 縮小高度到「344」

3 拖曳「熊貓」物件到右下角

Step 5 調整透明度和柔化程度－調整主題物件的透明度及邊緣柔化程度，使物件與背景自然融合。

1 選擇「 挑選工具」

2 設定物件的透明度為「20」

3 設定邊緣柔化值為「2」

Step 6 選擇裝飾物件－選擇「路徑繪圖工具」，並自訂色彩及形狀樣式。

1 選擇「 路徑繪圖工具」

2 單擊版面

3 設定裝飾物件的色彩為「#68C300（淡綠色）」

4 單擊「自訂形狀」旁邊的「 箭號」，執行「自訂形狀」功能

5 選擇「F115」樣式

6 單擊「確定」按鈕

Step 7 繪製裝飾物件－設定完屬性後，在影像上拖曳繪製裝飾物件。

裝飾物件繪
製後的效果

1 在物件上拖曳繪製出
裝飾物件

Step 8 設定透明度－設定裝飾物件的透明度為「40」，使得裝飾物件與圖層融為一體。

1 選擇「 挑選工具」

2 按下Ctrl鍵，選取兩個裝飾物件

3 設定物件的透明度為「40」

　　到此為止，影像的背景及主題物件已經完成了，物件與色彩的整體搭配是相當重要
的，千萬不要迷信色彩多、影像物件豐富就是好的，有時簡約素雅的名片背景設計，反
而更能讓人留下好印象。

8-3 製作Logo

　　為什麼要製作Logo呢？因為Logo可以將個人或企業的精神概念化並形象化於其中。也許您不清楚麥當勞賣些什麼，但當您看到門口有個亮黃色大型M字招牌的餐廳，一定會聯想到麥當勞。因此，若名片中有一個鮮明的Logo標誌，絕對可以使得拿到您名片的人印象深刻。

字體特效

　　在影像設計過程中，可以對輸入的文字設定字體特效，在「字體特效」對話方塊中提供了大量的特效樣式，您可以替文字物件加入火焰、冰雪、霓虹、浮雕等效果。若再和其他內建的工具加以組合，更能隨心所欲地設計出千變萬化的文字效果。

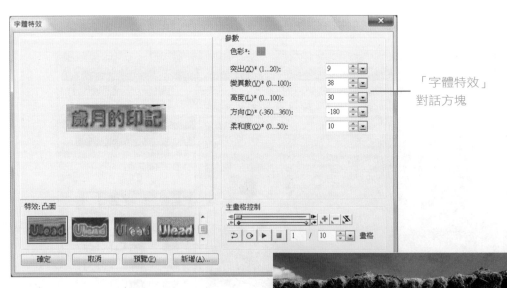

「字體特效」對話方塊

設定特效字體後的效果

輪廓繪圖工具

「 ▣ 輪廓繪圖工具」可繪製各種形狀的輪廓圖案，它所繪製的圖案同樣為路徑物件，具有向量特性。它的屬性列與「 ▣ 路徑繪圖工具」的屬性列相似，只是少了「框線」項目，但同樣可以繪製多種模式、色彩和形狀不同的各種圖案。透過選擇「自訂形狀」，可以繪製更複雜的圖案，並允許設定不同的2D\3D樣式調整，其操作方式與「 ▣ 路徑繪圖工具」的操作如出一轍。

「 ▣ 輪廓繪圖工具」繪製各式輪廓圖案的效果

結合套用

在設計手法上，文字有時不只是文字，利用文字外觀的變化，能使文字圖像化，例如最常見的是將文字排列成人身剪影；要製作這種效果，不需要手動將文字一個一個排列組合，分別建立文字物件和路徑物件，然後選取兩個物件，執行「物件－環繞－結合套用」功能，即可在轉眼間建立一個外型曼妙的文字效果。

結合套用後的文字

實例教戰－製作Logo

下面將在名片的背景上添加Logo圖案和標題文字，調整圖案的大小及製作文字的字體特效，移動到適當位置後，再分別填充不同的色彩，以完成名片Logo的設計。

設計完成的Logo

◎ 練習檔案：..\Example\Ex08\製作Logo.ufo
◎ 成果檔案：..\Example\Ex08\製作Logo_Ok.ufo

Step 1 繪製物件－利用「路徑繪圖工具」繪製一個橢圓，作為Logo的主體。

1 選擇「 路徑繪圖工具」
2 設定色彩為「#FFFFFF（白色）」
3 設定形狀為「 橢圓形」
4 設定模式為「2D物件」
5 拖曳繪製橢圓

Step 2
再製物件－依據上面繪製的橢圓再製一個橢圓物件，變更色彩為綠色。

1　按下Shift+D快速鍵再製一個橢圓

2　單擊屬性工具列上的「色塊」

3　設定色彩為「#006946（綠色）」

4　單擊「確定」按鈕

Step 3
縮小橢圓－以中心點為變形焦點縮小綠色橢圓，使白色橢圓露出邊緣。

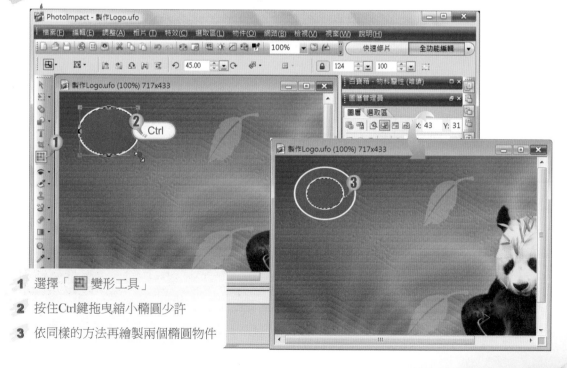

1　選擇「 變形工具」

2　按住Ctrl鍵拖曳縮小橢圓少許

3　依同樣的方法再繪製兩個橢圓物件

補給站

上面的步驟能夠進行簡化，當您繪製第一個橢圓時，可使用綠色來
繪製，並為之設定白色的「框線」，然後再製一個，縮小即可。

Step 4 加入文字－使用「文字工具」輸入文字，準備進行結合套用。

1 選擇「🔲 文字工具」

2 設定文字色彩為「#BEFF3C
（綠色）」、字型為「微軟正
黑體」、大小為「18」

3 單擊指定輸入位置，輸入文字
為「台北市木柵動物園TAIPEI
MUZHA ZOO」

4 拖曳選取「TAIPEI MUZHA
ZOO」，變更大小為「10」

Step 5 繪製橢圓路徑－使用「輪廓繪圖工具」繪製一個橢圓輪廓，便於和文字進行結合套用。

1 選擇「 輪廓繪圖工具」

2 設定模式為「 橢圓」

3 繞著白色內圈拖曳繪製橢圓輪廓

Step 6 建立環繞文字－將文字與輪廓結合套用，得到環繞效果的文字。

1 選擇「 挑選工具」

2 按住Ctrl鍵加選文字物件

3 執行「物件－環繞－結合套用」功能

Step 7 調整環繞文字－變更環繞文字的設定，以取得合適的效果。

未調整前的效果

1 執行「物件－環繞－內容」功能

2 選擇「個數」選項

3 設定個數為「1」

4 設定開始位置為「23」

5 單擊「預覽」按鈕

6 單擊「確定」按鈕

Step 8 縮放環繞文字－環繞文字的大小可能與橢圓物件不太搭配，可以直接進行縮放調整。

1 選擇「🔲 變形工具」

2 拖曳縮放環繞文字

Step 9 編輯素材－打開素材檔案，將基底影像再製一層，準備縮小處理。

1 開啟素材檔案「panda.jpg」

2 在圖層選項上單擊右鍵，執行
「再製」功能

Step 10 取得影像－縮小影像到比橢圓內圈略大，然後複製下來，準備置入橢圓內圈中。

尺寸比橢圓
內圈略大

1 輸入高為「80」

2 按下Ctrl+C快速鍵複製影像

PhotoImpact X3 實用教學寶典

Step 11 貼入影像－將縮小後的熊貓影像貼入到橢圓內圈中。

1 單擊小綠色橢圓

2 執行「編輯－貼上－貼入選取區」功能

3 移動至合適位置單擊左鍵確定

Step 12 輸入Logo文字－使用較大的字型，輸入Logo文字「木柵動物園」。

1 選擇「文字工具」

2 設定字型為「微軟正黑體」、大小為「32」、樣式為「B 加粗」

3 單擊確定輸入位置，輸入文字「木柵動物園」

Step 13 製作文字字體特效－在「字體特效」對話方塊中提供了很多字體特效，可以快速
美化Logo文字。

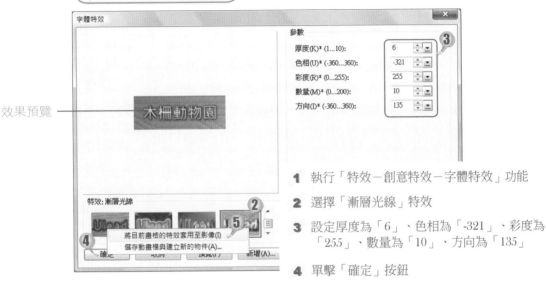

1 執行「特效－創意特效－字體特效」功能

2 選擇「漸層光線」特效

3 設定厚度為「6」、色相為「-321」、彩度為
「255」、數量為「10」、方向為「135」

4 單擊「確定」按鈕

5 執行「將目前畫格的特效套用至影像」功能

Step 14 群組Logo物件－將組成Logo的各物件群組為一，固定相對位置，以免無意中移動
到任一物件，增加調整的困擾。

1 按下Ctrl鍵，依次選取組成
Logo的圖層

2 執行「物件－群組」功能

設計的Logo圖案在名片上不宜過大，而其位置一般都位於名片的四個角落，在設計具有獨特風格的Logo後，是不是覺得自己的名片更顯得專業呢？

8-4 排版內容

剛才前面有提到，名片最重要的就是讓人產生深刻的印象，因此除了設計名片的背景、主題物件和Logo外，關於個人或公司的基本資料是絕不可少的。不過，這些資料可不是隨便放放就行的，必須要經過一番編排才可以。什麼資料要放，該放在什麼位置，這就要看您的巧思了。

重點掃描
- 透過「文字工具」輸入文字
- 透過「挑選工具」調整物件位置

實例教戰－排版內容

下面將在影像中分別輸入姓名以及電話等基本資訊，然後設定姓名的文字屬性，最後檢視整個影像的全貌調整物件位置與樣式，完成名片的製作。

文字內容排版後的效果

◎ 練習檔案：..\Example\Ex08\排版內容.ufo
◎ 成果檔案：..\Example\Ex08\排版內容_Ok.ufo

Step 1 設定文字內容－選擇「文字工具」後，在屬性工具列中設定文字屬性並輸入文字。

1 選擇「🇹 文字工具」

2 設定文字色彩為「#000000（黑
色）」、字型為「微軟正黑體」、大
小為「32」、樣式為「**B** 加粗」

3 輸入文字「陳姍玲（動物保育員）」

Step 2 調整文字大小－將名字後面的職稱文字改為小一點的級數。

1 拖曳選取「（動物保育員）」文字

2 變更文字大小為「18」

Step 3 輸入文字－在影像下方輸入電話、Email、地址等名片中的必要資訊。

1 輸入電話、行動電話、Email、地址等內容

Step 4 調整整體效果－以整個版面為考量，調整Logo、文字、裝飾物件的位置和效果。可直接拖曳，也可使用方向鍵微調。

1 選擇「 挑選工具」，拖曳調整Logo的位置

2 拖曳調整樹葉的位置

3 設定樹葉的透明度為「70」

4 調整樹葉的位置和圖層順序

　　本範例直接套用了PhotoImpact預設的名片大小以設計名片。除了「名片」項目之外，PhotoImpact還提供了相片、卡片、信封、信紙等預設項目，採用這些標準的預設項目，不但免去了自訂影像大小的麻煩，並且也讓影像設計更加標準化。

 學習評量

選擇題

1.(　) 關於「 ▣ 輪廓繪圖工具」的描述，下列哪一項有誤？

　　(A)所繪製的圖案為向量圖形

　　(B)可自訂形狀，繪製複製的圖形效果

　　(C)其屬性工具列也提供「框線」設定

　　(D)以上皆非。

2.(　) 按下哪一個快速鍵，可開啟「填充」視窗為影像填充色彩？

　　(A)Ctrl+F　(B)Ctrl+C　(C)Ctrl+D　(D)Ctrl+H。

3.(　) 下列哪一個不屬於圖層合併模式？

　　(A)合併　(B)全部合併　(C)合併成單一物件　(D)等尺寸合成。

4.(　) 下列哪一項描述是正確的？

　　(A)透過「環繞圖庫」可以為文字套用環繞效果

　　(B)按下Ctrl+E快速鍵會開啟「淡出」視窗

　　(C)「遮罩資料庫」只適用於剪裁影像物件

　　(D)文字物件可以轉換為選取區。

5.(　) 要讓一串文字圍繞路徑陳列，通常使用哪一種功能？

　　(A)合併成單一物件　(B)等尺寸合成　(C)結合套用　(D)群組。

實作題

牛刀小試－基礎題

1. 製作完成的名片，不妨換一個背景，得到多套方案，提供給客戶更多選擇。
　請為本例的名片更換背景。

原始背景

替換背景後
的效果

◎ 練習檔案：..\Example\Ex08\Practice\替換名片背景.ufo
◎ 素材檔案：..\Example\Ex08\Practice\bg.jpg
◎ 成果檔案：..\Example\Ex08\Practice\替換名片背景_Ok.ufo

提示：

a. 執行「物件－插入影像物件－從檔案」功能，選擇素材檔案「bg.jpg」，插入練習
檔案中。

b. 選擇「 挑選工具」，單擊「 移置底層」按鈕。

大顯身手－進階題

1. 現在有一張未設計完成的名片，Logo部分只完成了特效文字一半，剩下的圖
案部分，請按照圖中的結果完成設計。

未完成的
Logo

完成的
Logo

◎ 練習檔案：..\Example\Ex08\Practice\製作名片Logo.ufo
◎ 素材檔案：..\Example\Ex08\Practice\panda.jpg
◎ 成果檔案：..\Example\Ex08\Practice\製作名片Logo_Ok.ufo

提示：

a. 選擇「 路徑繪圖工具」，設定色彩為「#FFFFFF（白色）」，樣式為「 橢圓」，勾選「框線」核取項，設定框線色彩為「#008800（綠色）」，寬度為「3」，拖曳繪製一個橢圓。

b. 按下Shift＋D快速鍵再製一個橢圓，進入變形模式，按住Ctrl鍵拖曳縮小。

c. 設定文字色彩為「#000000（黑色）」、字型為「微軟正黑體」、大小為「14」，輸入文字「台北市木柵動物園」。

d. 變更字型為「Arial」、大小為「8」，繼續輸入英文「TAIPEI MUZHA ZOO」。

e. 選擇「 ⬚ 輪廓繪圖工具」，設定模式為「 ⬚ 橢圓」，圍繞橢圓的內圈拖曳繪製橢圓輪廓。

f. 展開「圖層管理員」面板，按住Ctrl鍵加選前面輸入的文字物件，執行「物件－環繞－結合套用」功能。

g. 執行「物件－環繞－內容」功能，選擇「個數」選項，設定個數為「1」，變更開始位置為「23」，單擊「確定」按鈕。

h. 開啟素材檔案，複製影像，貼入練習檔案中；然後依據橢圓內圈大小為參照縮小素材物件，複製縮小後的素材物件。

i. 單擊選擇橢圓內圈，執行「編輯－貼上－貼入選取區」功能，單擊確定貼入後，刪除原來的素材物件。

創意拾穗 –
創意影像範本

9

製作創意範本
  路徑繪圖工具：繪製相片邊框
  淡出：為物件套用淡出效果
  文字工具：建立創意範本的文字
  建立圖層遮罩：為影像的部分區域建立遮罩
  影像置入區：設定建立遮罩的影像區域為影像置入區

輸出創意範本
  儲存範本：儲存為創意範本檔案

測試創意範本
  測試範本：測試製作好的創意範本

9-1 製作創意範本

在PhotoImpact X3中，提供了大量的創意範本供設計者使用，可以說相當方便；不過對於要求較高的設計者來說，自行設計的創意範本也許才是最符合需求的。所以接下來，我們就一起學習如何親手建立一個創意範本，讓您迅速掌握建立範本的技巧。

重點掃描
- 繪製相片邊框
- 為物件套用淡出效果
- 建立創意範本的文字
- 建立圖層遮罩
- 建立影像置入區

路徑

路徑是一個包含直線和（或）曲線的物件，這些線條都是由許多節點相連結，而PhotoImpact的路徑工具可讓您建立不同形狀的2D或3D路徑物件。

和點陣影像相比，路徑圖形的好處在於其無論改變形狀、調整大小或變形，都不會降低品質。

物件遮罩

「物件遮罩」是指影像的部分區域會因為遮罩的關係而「被遮起來」，這樣可以遮蔽影像中不需要的部分。

影像置入區

參照某一個物件的大小建立一個可以用來置入影像的區域，大小與原物件同，需要與「遮罩」配合使用。

實例教戰－製作創意範本

下面將透過路徑繪圖工具、變形工具、文字工具、物件遮罩、影像置入區等建立一個創意範本。在這個過程中，您將瞭解這些工具、功能的使用方法與建立創意範本的基本要求。

範本樣式

動物寫真

◎ 練習檔案：..\Example\Ex09\製作創意範本.ufo
◎ 素材檔案：..\Example\Ex09\dog01.jpg
◎ 成果檔案：..\Example\Ex09\製作創意範本_Ok.ufo

Step 1 繪製物件－利用「路徑繪圖工具」繪製矩形物件。

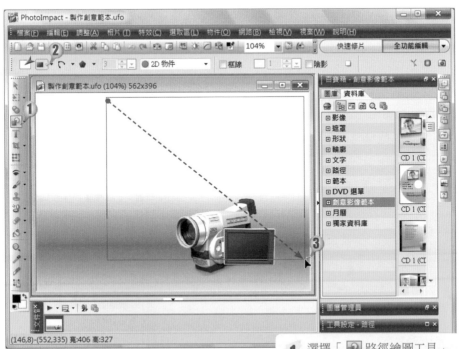

1 選擇「 路徑繪圖工具」

2 設定顏色為「#FFFFFF（白色）」，
形狀為「 矩形」

3 拖曳繪製物件

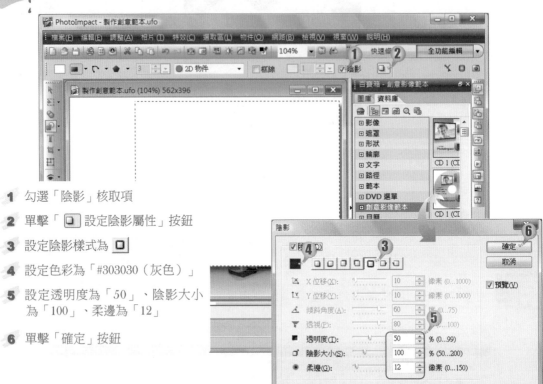

Step 2 設定陰影選項－在「陰影」對話方塊中設定陰影參數值。

1 勾選「陰影」核取項

2 單擊「 設定陰影屬性」按鈕

3 設定陰影樣式為

4 設定色彩為「#303030（灰色）」

5 設定透明度為「50」、陰影大小為「100」、柔邊為「12」

6 單擊「確定」按鈕

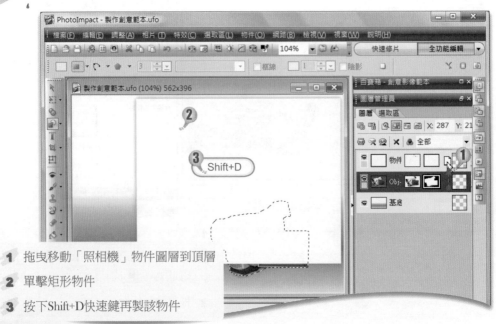

Step 3 複製圖層－調整圖層並再製圖層。

1 拖曳移動「照相機」物件圖層到頂層

2 單擊矩形物件

3 按下Shift+D快速鍵再製該物件

Step 4　調整大小－調整再製圖層的大小。

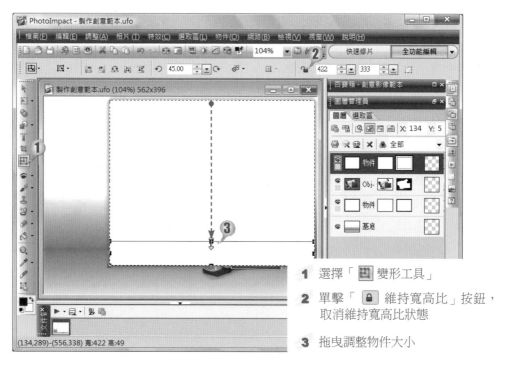

1　選擇「[圖示] 變形工具」

2　單擊「 [圖示] 維持寬高比」按鈕，
　　取消維持寬高比狀態

3　拖曳調整物件大小

Step 5　移動到適當位置－調整物件位置至外框下方。

1　拖曳移動物件到大矩形物件的下側

Step 6 使用淡出功能－為物件增加淡出效果。

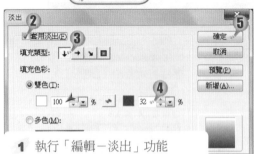

1 編輯－淡出

淡出後的效果

1 執行「編輯－淡出」功能

2 勾選「套用淡出」核取項

3 單擊「 ↓ 向下」按鈕

4 設定左側色彩為「100」，右側
色彩為「32」

5 單擊「確定」按鈕

Step 7 插入影像－從檔案插入影像物件。

1 物件－插入影像物件－從檔案

dog01.jpg   dog02.jpg

1 執行「物件－插入影像物
件－從檔案」功能

2 選擇素材檔案所在位置，
選取圖片「dog01.jpg」

3 單擊「開啟舊檔」按鈕

Step 8 調整大小－調整插入物件的大小。

1 單擊以維持寬高比

2 拖曳調整圖片大小

3 單擊「 建立圖層遮罩」按鈕

Step 9 調整位置－調整圖層位置，開啟「物件內容」對話方塊，準備建立影像置入區。

1 將相機物件置於頂層

2 單擊小狗物件，按下Ctrl+Shift+Enter
快速鍵開啟「物件內容」對話方塊

Step 10 建立影像置入區－建立影像置入區，便於後續置入其他影像到該區域內。

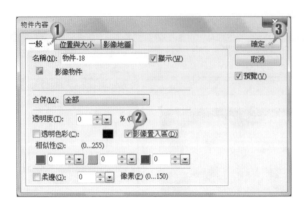

1 切換至「一般」籤頁

2 勾選「影像置入區」核取項

3 單擊「確定」按鈕

Step 11 插入文字－利用「文字工具」插入文字。

1 選擇「T 文字工具」

2 單擊指定輸入位置

3 設定文字顏色為「#000000（黑色）」、字型為「微軟正黑體」、大小為「18」、「粗體」

4 輸入文字「動物寫真」

補給站

雖然「影像置入區」的大小由原物件的大小決定，但是範本的重頭
戲卻常常在於遮罩，我們可以透過調整遮罩來調整影像顯示的區
域、形狀、效果等。那麼，如何調整這些屬性呢？很簡單，進入
「遮罩模式」，就可以針對影像置入區的遮罩進行各種操作了。

1 單擊「  進入/離
開遮罩模式」按鈕

可對「影像置入區」的
遮罩進行各種編輯處理

　　建立圖層遮罩以及影像置入區，這是建立創意影像範本的核心內容，簡言之，
「創意影像範本」也就是給使用者一個特殊的區域，使之可以便捷地置入影像而已。
這樣文件就建立好了，不過若要成為標準的範本，還有一步需要完成，下一節我們將
為您講解如何輸出創意範本。

9-2　輸出創意範本

　　雖然說上一節我們製作的檔案存成.ufo格式也能當範本使用，不過為了區別對待，讓使用者一目了然，且便於使用與管理，還是需要以特定的格式來儲存，這就是.ufp格式的創意影像範本檔。下面就來介紹創意影像範本的輸出，讓您將上一節的工作成果輸出為範本。

實例教戰－輸出範本

　　下面將透過「另存新檔」功能，將我們前面製作的範本影像以.ufp的格式儲存，完成範本的輸出。

　　◎ 練習檔案：..\Example\Ex09\輸出創意範本.ufo
　　◎ 成果檔案：..\Example\Ex09\輸出創意範本_Ok.ufp

　　執行「檔案－另存新檔」功能，開啟「另存新檔」對話方塊之後，選擇存成.ufp格式就可以了。

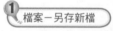

1 執行「檔案－另存新檔」功能

2 選擇要儲存檔案的位置，並輸入檔案名稱

3 選擇檔案類型為.ufp

4 單擊「存檔」按鈕

同一個文件以不同的檔案類型儲存起來,其意義也就隨之改變;存成.ufp這種檔案格式的時候,系統會首先檢查檔案中是否有「影像置入區」,如果沒有的話,是不能存成「創意影像範本檔」的。

9-3 測試創意範本

本節我們將測試前面製作完成的範本,是否能正確無誤地套用。有時在設計過程中,也許有些小錯誤沒有發覺,等到要用時才發現,所以影像設計完成後,最好先進行範本套用的測試,而透過測試,您也將學到套用範本的技巧。

PhotoImpact的內建範本

由於創意影像範本製作精美且便於套用,所以PhotoImpact X3內建了大量範本供我們使用,這些範本透過分門別類,以滿足不同層面的需求,當然,真正要使用的時候,才會發現可能每一種都不是那麼合適,這時有兩種方法修正,一是在原有的基礎上加以改進,另一種則是自己一手新建範本。

內建的範本 ────

實例教戰－測試範本

下面將透過「插入－分享－創意影像範本」功能，開啟並試著套用自製的範本，以檢驗自製範本的實際效果。如果能夠順利套用，那麼就要恭喜您，剛才的辛苦沒有白費。

圖片套用範本的效果

◎ 練習檔案：..\Example\Ex09\測試創意範本.ufp
◎ 素材檔案：..\Example\Ex09\dog02.jpg
◎ 成果檔案：..\Example\Ex09\測試創意範本_Ok.png

Step 1 開啟檔案－開啟創意影像範本。

1 選擇先前儲存的自製範本
2 單擊「開啟舊檔」按鈕

補給站

以上面的步驟先開啟範本再進行套用，是一種方法；另一種方法
也可以暫不開啟練習檔案，等進入「創意影像範本」視窗後，再
從「1.範本」選項中瀏覽範本加以套用。

Step
2 套用範本－在「創意影像範本」對話方塊中，選擇素材圖片來完成範本套用。

1 執行「檔案－分享－創意
影像範本」

2 單擊「🖿 瀏覽」按鈕

3 選擇素材所在資料夾，選
擇素材「dog02.jpg」

4 單擊「確定」按鈕

Step 3 確認套用－在「創意影像範本」對話方塊中進行套用。

預覽的套用效果

1 單擊「確定」按鈕

 補給站

創意影像範本並非只能變更「影像置入區」的內容，套用後，在主視窗中建立新的文件，此時就可以像編輯普通影像物件一樣隨意編輯發揮了。

在主視窗中進行編輯

　　眾多新穎獨特的創意影像範本可以說是PhotoImpact的一大特色，現在，我們又學會了自己製作創意影像範本的方法，以後就可以進一步改進自己的PhotoImpact，玩出更多創意來囉！

學習評量

選擇題

1.(　)　套用創意影像範本最大的好處是什麼？

(A) 可以使畫面更完美

(B) 可以讓設計功力大幅提高

(C) 可以節約大量時間

(D) 可以使軟體執行穩定。

2.(　)　下列何者不是路徑圖形的好處？

(A) 隨意變換形狀並不會影響解析度

(B) 便於使用在網頁中

(C) 放大縮小品質不變

(D) 會因為放大而產生失真的情形。

3.(　)　路徑工具所不能建立的物件是？

(A) 2D物件　　(B) 3D物件　　(C) 曲線物件　　(D) 4D物件。

4.(　)　調節圖片大小需要用到的工具是？

(A) 變形類工具　　(B) 路徑類工具

(C) 文字類工具　　(D) 剪裁類工具。

5.(　)　下列關於影像置入區的說法錯誤的是？

(A) 它代表該項目可由另一個項目取代

(B) 它代表該項目可由另一個影像取代

(C) 建立影像置入區可以讓您輕鬆變更範本中的影像

(D) 建立影像置入區將使得匯入影像時更加複雜。

實作題

牛刀小試－基礎題

1. 手邊剛好製作完成了一個創意影像範本，不過還沒有進行使用測試，所以現在我們就用本章學習的測試創意範本的方法，來測試套用這個範本，以檢驗一下範本是否製作成功。

套用範本
後的效果

◎ 練習檔案：..\Example\Ex09\Practice\套用創意範本.ufp
◎ 素材檔案：..\Example\Ex09\Practice\dogs.jpg
◎ 成果檔案：..\Example\Ex09\Practice\套用創意範本_Ok.ufo

提示：

a. 開啟練習檔案，執行「檔案－分享－創意影像範本」功能。

b. 單擊「 🖼 瀏覽」按鈕，選擇素材所在資料夾，選擇圖片「dogs.jpg」，單擊「確定」按鈕。

c. 確認效果後單擊「確定」按鈕。

大顯身手－進階題

1. 手頭上有一個設計得不錯的影像檔案，感覺拿來作影像範本不錯，那麼就來自己動手，在影像檔案的相片位置建立圖層遮罩以及影像置入區，然後為影像置入區的遮罩做一點特殊效果，製作自己的影像範本吧！

動物群集

製作的影像範本

◎ 練習檔案：..\Example\Ex09\Practice\製作創意範本.ufo
◎ 成果檔案：..\Example\Ex09\Practice\製作創意範本_Ok.ufp

提示：

a. 選擇小狗相片物件，在「圖層管理員」中單擊「🖼 建立圖層遮罩」按鈕。

b. 在「圖層管理員」面板中單擊「🖼 進入/離開遮罩模式」按鈕，在「百寶箱」中展開「資料庫－遮罩－星星」項目，雙擊「S02」縮圖套用該遮罩樣式。

c. 選擇「🖼 變形工具」，解開維持寬高比狀態，調整遮罩大小到513×380，單擊「🖼 進入/離開遮罩模式」按鈕，離開遮罩模式。

d. 選擇小狗圖片物件，開啟「物件內容」對話方塊，勾選「影像置入區」核取項，確定。

e. 執行「物件－另存新檔」功能，選擇存檔類型為「ufp」，儲存範本檔案。

虛擬動物園－
網頁設計

10

PhotoImpact X3
實用 教學寶典

10-1 網頁橫幅

網頁橫幅在網頁中扮演著相當重要的角色,其通常用來代表網頁的主題,就好比一篇作文的題目。使用PhotoImpact製作網頁橫幅其實很簡單,只要選擇好預設的元件,再根據需求來自訂適合的屬性即可。以下我們要先來熟悉「元件設計師」的使用方法,再透過實際練習,學習製作網頁橫幅。

> **重點掃描**
> ✤ 使用元件設計師
> ✤ 編輯元件

元件設計師

在PhotoImpact的「元件設計師」對話方塊中,提供了「橫幅」、「項目符號」、「按鈕」、「按鈕列」、「圖示」、「Rollover按鈕」、「分隔線」及「Lower-Third」等八種類型的網頁元件,其中各項目中又包含著多種子選項,數量眾多,絕對能滿足您的需求。

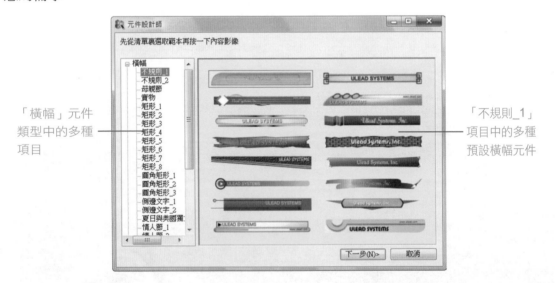

「橫幅」元件類型中的多種項目

「不規則_1」項目中的多種預設橫幅元件

選擇好元件後,即可透過單擊「下一步」按鈕切換至修改屬性的對話方塊,在此提供了多種修改項目,單擊任一項目即可開啟對應的修改面板,比如修改元件的文字、顏色等屬性。但要注意的是,不同的網頁元件會有不同的屬性設定項。

「元件設計師」
對話方塊中的各
項設定

實例教戰－網頁橫幅設計

下面將先從「橫幅」元件類型中選擇合適的預設元件，變更文字、字型與色彩，
接著將其以元件物件匯出至影像的左上方，最後再調整元件大小。

設計的網頁橫幅

◎ 練習檔案：..\Example\Ex10\製作網頁橫幅.ufo
◎ 成果檔案：..\Example\Ex10\製作網頁橫幅_Ok.ufo

Step 1

選擇元件－在「元件設計師」視窗中選擇合適的網頁橫幅。

網路－元件設計師

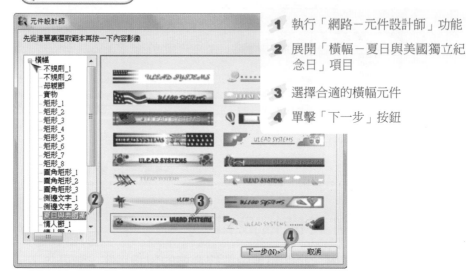

1 執行「網路－元件設計師」功能

2 展開「橫幅－夏日與美國獨立紀念日」項目

3 選擇合適的橫幅元件

4 單擊「下一步」按鈕

Step 2

變更橫幅文字－變更文字內容並美化文字。

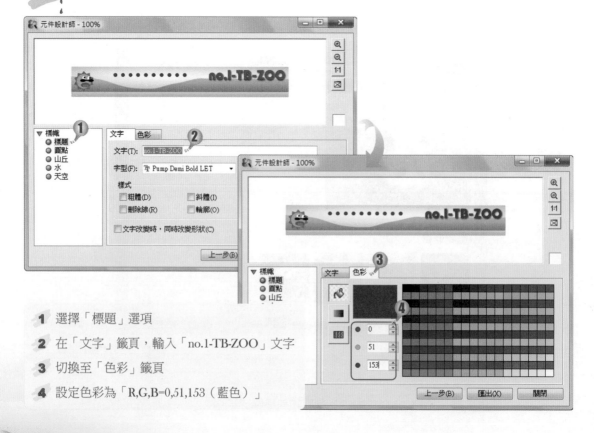

1 選擇「標題」選項

2 在「文字」籤頁，輸入「no.1-TB-ZOO」文字

3 切換至「色彩」籤頁

4 設定色彩為「R,G,B=0,51,153（藍色）」

Step 3 匯出元件－將製作好的橫幅元件以物件的形式匯出至影像左上角處。

加入橫幅元
件後的效果

1 單擊「匯出」按鈕

2 在展開的選單中選擇
「作為元件物件（在
PhotoImpact中）」選項

3 在影像上單擊定位物件

Step 4 調整橫幅－分割元件並調整加寬橫幅的寬度。

1 網路－Web屬性－分割元件

加寬的橫幅

1 執行「網路－Web屬性－分割元件」功能

2 按住Ctrl鍵，選取橫幅中的背景圖層

3 選擇「 變形工具」

4 單擊「 維持寬高比」按鈕，解除固定
寬高設定

5 拖曳調整橫幅背景與下方頁面等寬

Step 5 群組物件－將橫幅中所有物件群組。

1 選擇「 挑選工具」
2 拖曳選取橫幅全部物件
3 在物件圖層上單擊右鍵
4 執行「群組」功能

在匯出元件時，如果選擇「作為個別的物件」選項，那麼軟體就會自動在工作區中新增一個以該元件為主的獨立檔案。

10-2 導覽按鈕

導覽按鈕在網頁中的角色就好比是書中的大綱、目錄一樣，單擊即可進入到相關內容的頁面中，通常以橫排或直排的方式排列。本節就來學習如何使用PhotoImpact來製作3D水晶導覽按鈕。

重點掃描
❀ 製作立體按鈕
❀ 製作導覽列按鈕

按鈕設計師

「按鈕設計師」主要用於繪製網頁按鈕，它提供「任意形狀」與「矩形」兩種類型的繪製功能。只要在影像中建立物件，然後執行「網路－按鈕設計師」功能，即可選擇繪製類型來設計按鈕。

任意形狀

可以將任意物件製作成具有立體效果的按鈕，透過「按鈕設計師（任意形狀）」對話方塊，可以為按鈕設定「斜角」、「光線」、「陰影」及「變形」等屬性，進而製作出不同效果的按鈕。

此外，在「按鈕設計師（任意形狀）」對話方塊最下方提供了多種按鈕預設樣式，只要直接套用樣式即可製作出3D效果的立體按鈕。

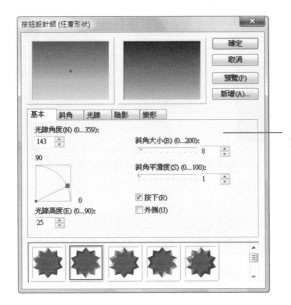

「按鈕設計師（任意形狀）」
對話方塊

矩形

可以將矩形、正方形…等形狀物件製作成按鈕效果，在「按鈕設計師（矩形）」對話方塊中，提供了各種立體樣式以供套用，並可設定按鈕邊緣的色彩、寬度、立體方向等屬性。

「按鈕設計師（矩形）」
對話方塊

實例教戰－製作網頁導覽按鈕

下面將使用「路徑繪圖工具」繪製一圓角矩形物件，然後透過「按鈕設計師」製作一列3D效果導覽按鈕。

透過「按鈕設計師」製作的3D按鈕列

◎ 練習檔案：..\Example\Ex10\製作導覽按鈕.ufo
◎ 成果檔案：..\Example\Ex10\製作導覽按鈕_Ok.ufo

Step 1 繪製按鈕物件－使用「路徑繪圖工具」繪製出一個黃色的圓角矩形物件。

1 選擇「 路徑繪圖工具」
2 設定色彩為「#96E100（綠色）」
3 選擇「 圓角矩形」模式
4 拖曳繪製出圓角矩形

Step 2 製作立體按鈕－選擇繪製的按鈕，並將其製作出立體的水晶按鈕效果。

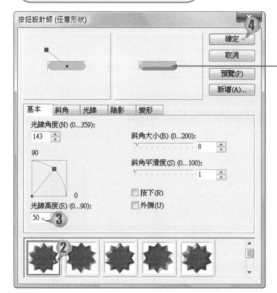

1 網路－按鈕設計師－任意形狀

按鈕的預覽效果

1 執行「網路－按鈕設計師－任意形狀」功能

2 選擇按鈕樣式

3 設定光線高度為50

4 單擊「確定」按鈕

Step 3 輸入按鈕文字－使用「文字工具」在按鈕上輸入按鈕名稱。

1 選擇「　文字工具」

2 設定文字色彩為「#000000（黑色）」、字型為「微軟正黑體」、大小為「14」

3 輸入文字「首頁」

Step 4 製作其他按鈕－將立體按鈕再製幾份，然後分別移動調整位置，並輸入各個按鈕的名稱。

1 選擇「 挑選工具」

2 在按鈕上單擊右鍵，展開快顯選單，執行「再製」功能

3 拖曳按鈕至右側，複製其他按鈕並輸入文字

複製的按鈕

補給站

更為快速的複製方法是選取物件然後按住Ctrl+Shift快速鍵拖曳複製，其中Ctrl鍵的作用是複製，而Shift鍵的作用是讓物件保持與原物件同一水平。

再製按鈕後分別調整位置時，可以使用「物件等距」功能，將六個按鈕等距離均分，將會得到滿意的對齊效果。

10-3 網頁背景

網頁的背景設計常常令人頭痛，如果背景設計不佳，可能因此破壞整個網頁呈現效果。幸好PhotoImpact提供「背景設計師」功能，透過選擇預設的背景效果，可以輕鬆的設計出網頁背景。

背景設計師

在「背景設計師」對話方塊中提供了多種的底紋效果可以套用，只要設定好花紋方格的尺寸，然後選擇合適的背景樣式與底紋模式，即可將其套用至影像中，甚至還可產生一個新的背景檔案，以便透過其他設計軟體加入到網頁中。

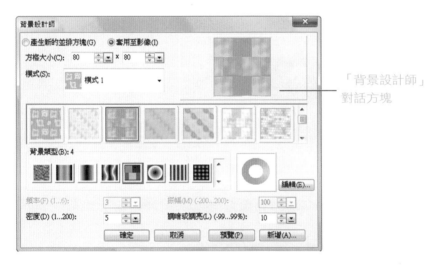

「背景設計師」
對話方塊

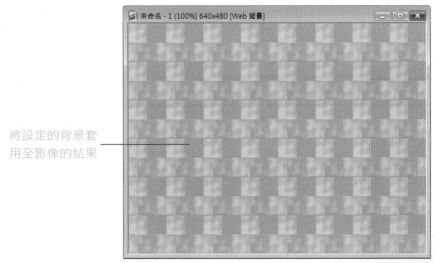

將設定的背景套
用至影像的結果

實例教戰－網頁背景輕鬆做

下面先再製一個基底影像，然後使用「背景設計師」為網頁添加條紋的背景，並變更其預設的色彩，使背景與網頁其他元件維持同一風格。

添加網頁背景的效果圖

◎ 練習檔案：..\Example\Ex10\製作背景.ufo
◎ 成果檔案：..\Example\Ex10\製作背景_Ok.ufo

Step 1 再製基底影像－再製一個基底影像，為接下來的設計作準備。

1 在「基底」圖層上單擊右鍵，執行「再製」功能

Step 2
設定背景樣式－在「背景設計師」對話方塊中，設定背景的大小、模式、類型等屬性。

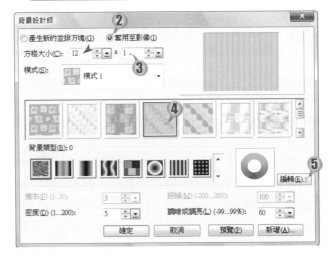

1 執行「網路－背景設計師」功能

2 選擇「套用至影像」選項

3 設定方格大小為「12×1」

4 選擇「模式1」中的第四個模式

5 單擊「編輯」按鈕

Step 3
設定背景色彩－設定背景中兩種不同的色彩。

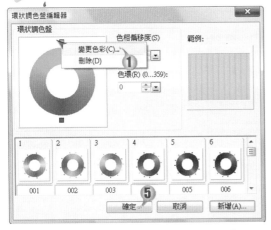

1 在環狀調色盤上方的控制點單擊右鍵，展開選單，執行「變更色彩」功能

2 設定背景色彩為「R,G,B=0,225,0（綠色）」

3 單擊「定義自訂色彩」按鈕

4 單擊「確定」按鈕

5 單擊「確定」按鈕

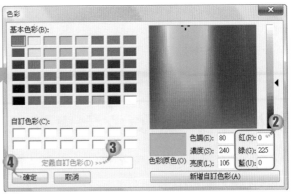

除了上述的設定外，我們還可以透過對色彩的色調、濃度、亮度等進行設定，務求讓網頁背景達到最完美的效果。

10-4　HTML文字

除了橫幅、按鈕等網頁元件外，文字絕對是不可或缺的構成元素，舉凡網站簡介、網頁資料內容等都必須使用文字來呈現。一般網頁中出現的內文，幾乎都是HTML文字，其具有可選取、可複製的特性，因為使用廣泛，本節將為大家介紹加入HTML文字的方法。

HTML文字物件

當我們將一幅含有文字物件的影像儲存成網頁後，這些文字就會變成影像的一部分。但HTML文字物件則不同，透過「網路－HTML文字物件」功能，可以將輸入的文字變成一個物件，在儲存成網頁後，HTML文字物件仍是以一種字元的形式存在，您可以對其進行選取、複製等操作。

當建立HTML文字後，軟體會自動將物件轉成「變形工具」下的編輯狀態，只要拖曳控制點即可調整物件的形狀與位置。

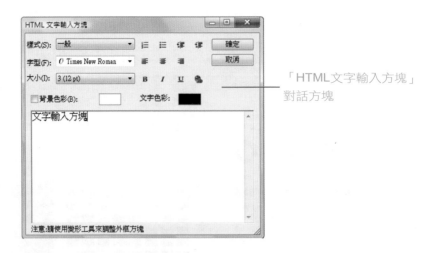

「HTML文字輸入方塊」對話方塊

實例教戰－網頁文字處理

下面透過「HTML文字物件」功能，將素材檔案中的文字內容以HTML文字物件的形式加入網頁中。

加入HTML
文字的網頁

◎ 練習檔案：..\Example\Ex10\插入HTML文字.ufo
◎ 素材檔案：..\Example\Ex10\Txt.txt
◎ 成果檔案：..\Example\Ex10\插入HTML文字_Ok.ufo

Step 1
複製HTML文字內容－開啟素材檔案「Txt.txt」，全選複製記事本中的文字內容。

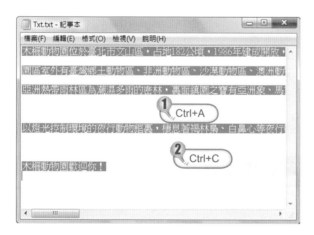

1 按下Ctrl+A快速鍵全選文字

2 按下Ctrl+C快速鍵複製文字

Step 2

加入HTML文字－貼上內容，並在「HTML文字輸入方塊」對話方塊中設定文字屬性。

網路－HTML文字物件

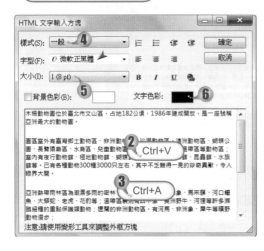

1 執行「網路－HTML文字物件」功能

2 按下Ctrl+V快速鍵貼上文字內容

3 按下Ctrl+A快速鍵全選文字內容

4 設定樣式為「一般」

5 設定字型為「微軟正黑體」、大小為「1（8pt）」

6 設定文字色彩為「#000000（黑色）」

Step 3

變更標題屬性－設定最後一段文字的大小、色彩及其對齊方式。

1 拖曳選取最後一段文字

2 單擊色塊，設定文字色彩為「#006946（綠色）」

3 靠右對齊文字

4 設定文字大小為「14」

5 單擊「確定」按鈕

Step 4 調整HTML文字方塊－調整HTML文字方塊至合適大小。

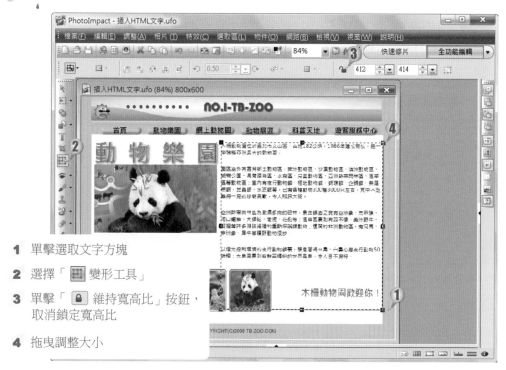

1 單擊選取文字方塊

2 選擇「 ▦ 變形工具」

3 單擊「 🔒 維持寬高比」按鈕，
   取消鎖定寬高比

4 拖曳調整大小

如果需要再次編輯HTML文字物件時，只要單擊右鍵，執行「編輯HTML文字物件」功能即可開啟「HTML文字輸入方塊」對話方塊。

10-5 切割網頁

切割網頁是網頁即將完成時所必須進行的工作。一個網頁是由很多圖片組成的，若想將這些組成元素快速地上傳，我們最好將其切割成許多小圖片，以便分別上傳，這樣可以提高整體的傳輸速度，以利於瀏覽。下面我們將使用PhotoImpact中所提供的切割工具，學習網頁切割的技術。

重點掃描
* 利用自動切割功能自動切割網頁影像
* 利用沿著物件切割功能沿著物件切割網頁影像
* 利用刪除切割線功能刪除選定的切割線
* 利用垂直切割功能垂直切割網頁影像
* 利用矩形切割功能矩形切割網頁影像
* 利用移動切割線功能移動切割線

切割

切割主要是為了將網頁影像切割成許多小單元,而「切割工具」中有「自動切割」、「矩形切割」、「水平切割」、「垂直切割」及「刪除選定的切割線」等選項,綜合運用切割工具,可切割出最利於傳輸的網頁分割。

實例教戰－切割網頁

下面將透過PhotoImpact中的「切割工具」,執行各種切割功能,適當的切割網頁影像,完成合理切割網頁的目的。

切割後的情形

◎ 練習檔案：..\Example\Ex10\切割網頁.ufo
◎ 成果檔案：..\Example\Ex10\切割網頁_Ok.ufo

Step 1 自動切割網頁－利用「切割工具」自動切割網頁。

1 選擇「 切割工具」
2 選擇「 自動切割」選項
3 單擊「確定」按鈕

自動切割後的情形

自動切割後所彈出
的「PhotoImpact確
認訊息」對話方塊

補給站

當您第一次切割時，軟體會自動彈出「PhotoImpact確認訊息」
對話方塊，提示用戶相關訊息，當然用戶也可勾選「下次不要再
顯示此確認訊息」核取項，取消提示對話方塊的彈出。

Step 2 沿著物件切割－單擊選取標題部分的方格，沿著物件切割網頁影像。

在此重複動作1和
動作2

1 在網頁文字處，單擊滑鼠右鍵

2 執行「沿著物件切割」功能

Step 3　刪除切割線－選擇「刪除選定的切割線」選項，刪除切割線。

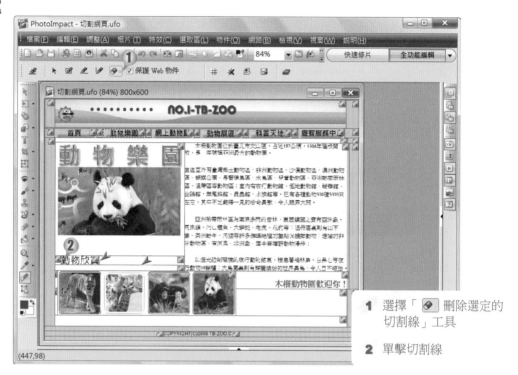

1 選擇「 　 刪除選定的
切割線」工具

2 單擊切割線

Step 4　使用水平切割－選擇「水平切割」選項，水平切割網頁影像。

1 選擇「 　 水平切割」選項

2 在「動物樂園」下方單擊添
加切割線

Step 5 使用矩形切割－選擇「矩形切割」選項，切割網頁影像。

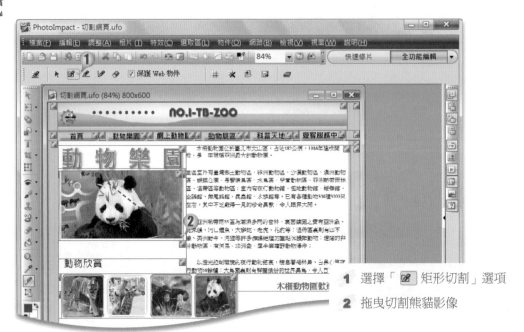

1 選擇「　矩形切割」選項

2 拖曳切割熊貓影像

Step 6 移動切割線－選擇「移動切割線」選項，移動切割線位置。

1 選擇「　挑選方格或移動切割線」選項

2 向左拖曳調整切割線貼齊影像右側位置

　　透過以上的學習我們可以知道，利用PhotoImpact軟體，可以將網頁影像切割成許多單元，利於網路上的傳輸。

10-6　加入特效

　　一個平淡無奇、沒有任何特效的網頁，在這個求新求變的時代，只有被淘汰的份。不過特效太多，有時反而會影響瀏覽者在瀏覽時的辨識度或是拖慢下載網頁的速度。所以適時適量地添加特效，是很重要的。

Script特效

　　Script特效是PhotoImpact軟體的一大特色。其中包括閃爍文字、反白文字、快顯功能表、彩虹文字、Rollover文字、垂直捲動、投影片秀、狀態列訊息、交換影像特效等等。待網頁切割後，選擇要加入特效的方格，然後套用適當的特效功能並設定相關屬性，即可立即預覽觀看特效的呈現效果。

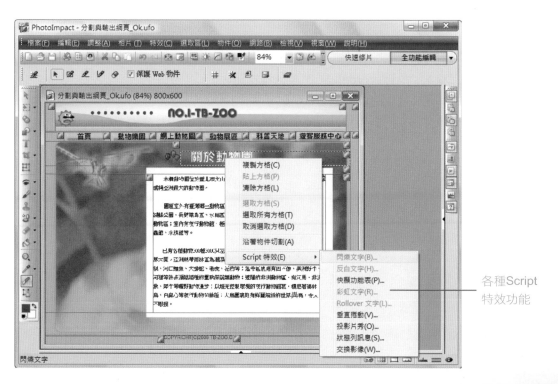

各種Script
特效功能

實例教戰－加入特效

下面將透過Script特效中的閃爍文字特效、彩虹文字特效、投影片秀、狀態列訊息，使其顯示出變化多端的特效。

設定的閃爍文字效果

設定投影片秀後的效果

設定的彩虹文字效果

狀態列訊息

◎ 練習檔案：..\Example\Ex10\加入特效.ufo
◎ 素材檔案：..\Example\Ex10\photo01.jpg～photo03.jpg
◎ 成果檔案：..\Example\Ex10\加入特效_Ok.ufo

Step 1
開啟「彩虹文字」對話方塊－選取要設定彩虹文字特效的文字方格，開啟「彩虹文字」對話方塊。

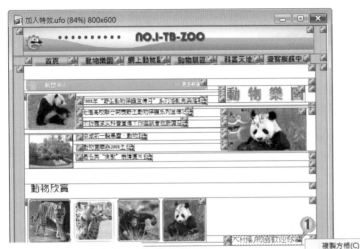

1　選取物件，單擊滑鼠右鍵，展開選單

2　選擇「Script特效」

3　執行「彩虹文字」功能

Step 2
設定顏色－設定色彩變化從「咖啡色」到「橙色」。

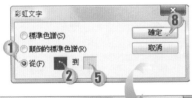

1　選擇「從…到…」選項

2　單擊左邊色塊

3　設定色彩為「#B92500（咖啡色）」

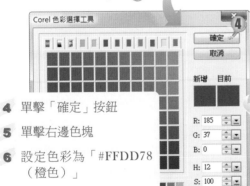

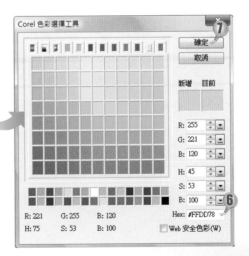

4　單擊「確定」按鈕

5　單擊右邊色塊

6　設定色彩為「#FFDD78（橙色）」

7　單擊「確定」按鈕

8　單擊「確定」按鈕

Step 3
開啟「閃爍文字」對話方塊－選取要設定特效的方格，開啟「閃爍文字」對話方塊。

1 選取物件

2 單擊右鍵，執行「Script特效－閃爍文字」功能

Step 4
設定閃爍文字色彩－設定閃爍文字色彩為「咖啡色」及「橙紅色」兩種。

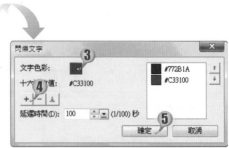

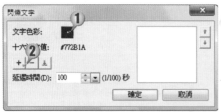

1 單擊色塊，設定色彩為「#772B1A（咖啡色）」

2 單擊「 + 新增」按鈕

3 單擊色塊，設定色彩為「#C33100（橙紅色）」

4 單擊「 + 新增」按鈕

5 單擊「確定」按鈕

Step 5 開啟「投影片秀」對話方塊－從快顯選單中開啟「投影片秀」對話方塊。

1 選取圖片

2 單擊右鍵，執行「Script特效－
投影片秀」功能

Step 6 新增影像－加入影像圖片「photo01.jpg.～photo03.jpg」，設定時間長度為
「4」秒。

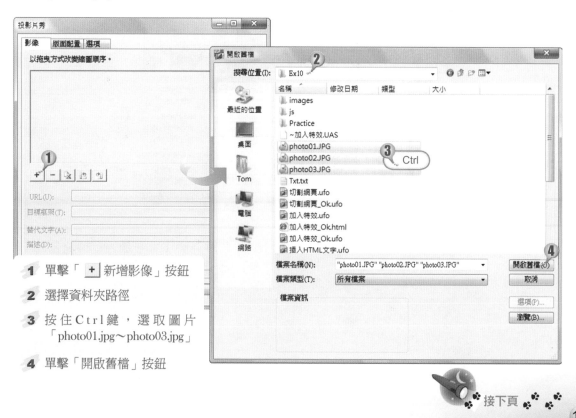

1 單擊「 ＋ 新增影像」按鈕

2 選擇資料夾路徑

3 按住Ctrl鍵，選取圖片
「photo01.jpg～photo03.jpg」

4 單擊「開啟舊檔」按鈕

接下頁

5 切換至「選項」籤頁,並設定時間長度為「4」秒

6 單擊「確定」按鈕

Step 7 選取所有的方格-將影像編輯視窗中的所有方格全部選取。

1 在網頁的任意位置單擊滑鼠右鍵

2 執行「選取所有方格」功能

Step 8 設定狀態列－設定狀態列訊息為「歡迎光臨本站」。

1 單擊滑鼠右鍵，執行「Script特效－
狀態列訊息」功能

2 勾選「顯示特效於事件」核取項

3 輸入「歡迎光臨本站」訊息

4 選擇「跑馬燈」類型

5 勾選「重複」核取項

6 單擊「確定」按鈕

Step 9 瀏覽網頁－執行工具列中的「以瀏覽器預覽」功能，以瀏覽器瀏覽網頁。

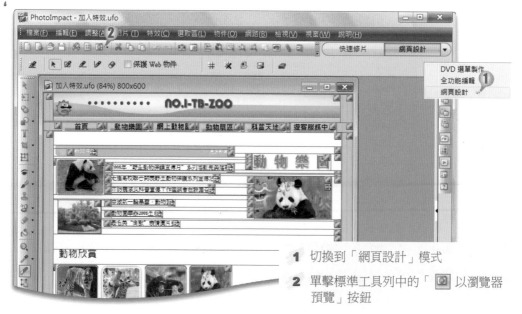

1 切換到「網頁設計」模式

2 單擊標準工具列中的「 以瀏覽器
預覽」按鈕

　　瀏覽者駐留在單個網頁上的時間並不長，而其注意力持續的時間更短，所以在網頁
上添加適當的特效，將有助於吸引瀏覽者更多的目光，才能達到訊息傳播的目的。

10-7 優化與輸出網頁

在10-5節中，我們已將網頁切割好了，那麼切割好網頁後，我們應該如何將其儲存與輸出呢？只要對網頁製作有一點概念的人都知道，必須將其儲存成網頁HTML的形式，才能在瀏覽器中瀏覽，同時也才能發佈到網路上供他人瀏覽。以下我們將介紹如何優化與輸出網頁。

影像最佳化程式

影像最佳化程式主要運用在最佳化影像的設定，透過「PNG影像最佳化程式」對話方塊，可設定品質、模式等功能，也可優化影像並輸入到網頁中。

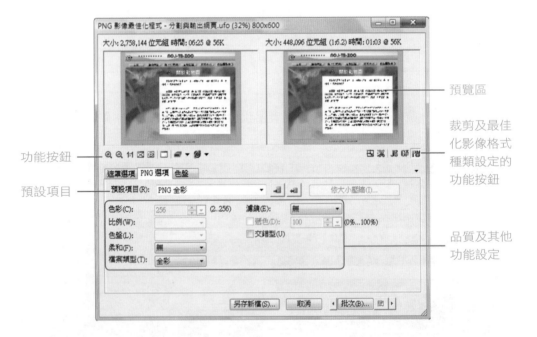

Web內容

在「Web內容」對話方塊中，我們可在不同的籤頁設定標題及相關資料，以及添加背景及影像檔等各種設定，輸入儲存成網頁。

在「Web內容」對
話方塊中的籤頁

在「一般」籤頁中
的各項設定

實例教戰－輸出網頁

下面將透過影像最佳化程式來優化影像，並另存成HTML檔案格式，便於使用瀏覽器瀏覽及發佈。

在瀏覽器中，瀏覽顯示的網頁標題

顯示的網頁
背景

◎ 練習檔案：..\Example\Ex10\優化與輸出網頁.ufo
◎ 成果檔案：..\Example\Ex10\優化與輸出網頁_Ok.html

Step
1　設定影像最佳化程式－設定其中的品質參數值為「95」。

1　網路－影像最佳化程式

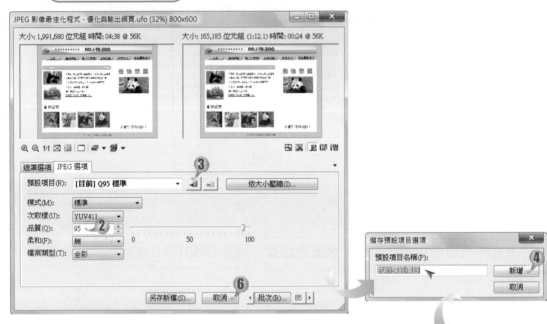

1　執行「網路－影像最佳化程式」功能

2　設定品質參數為「95」

3　單擊「 ▣ 新增JPEG預設項目」按鈕

4　輸入預設項目名稱並單擊「新增」按鈕

5　單擊「確定」按鈕

6　單擊「取消」按鈕

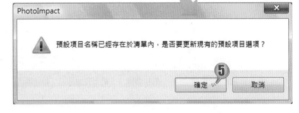

補給站

　　單擊預設按鈕後，彈出的「儲存預設項目選項」對話方塊中，
您可以重新命名預設名稱，同時您也可以使用預設的名稱「我
的預設項目」；如果您使用預設的「我的預設項目」名稱，軟
體將自動提醒您要不要替換預設名稱，因為軟體中已有該名稱
的存在了。

Step 2
另存成HTML格式－在「另存新檔」對話方塊中選擇存成HTML檔案格式。

① 檔案－其他儲存選項－儲存Web－存成HTML

1 執行「檔案－其他儲存
選項－儲存Web－存成
HTML」功能

2 選擇資料夾儲存路徑

3 輸入檔案名稱

4 單擊「選項」按鈕

Step 3
設定一般內容－設定網頁的基本資訊。

1 設定標題、作者、關鍵字、
描述內容

Step 4

設定背景－添加背景設計師材質。

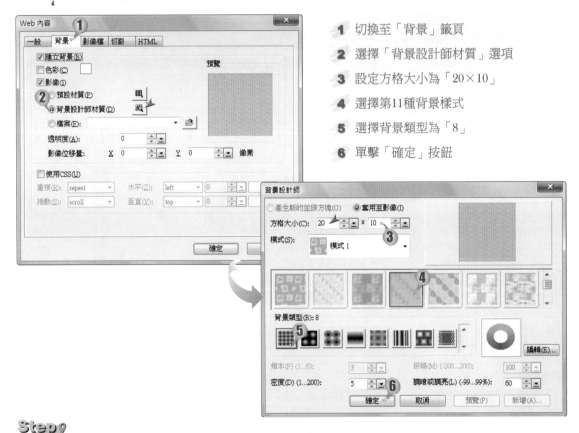

1 切換至「背景」籤頁

2 選擇「背景設計師材質」選項

3 設定方格大小為「20×10」

4 選擇第11種背景樣式

5 選擇背景類型為「8」

6 單擊「確定」按鈕

Step 5

設定影像檔－設定影像檔為「我的預設項目」。

1 切換至「影像檔」籤頁

2 選取背景影像的設定為「我的預設項目」，方格影像的預設設定為「我的預設項目」

3 單擊「確定」按鈕

4 單擊「存檔」按鈕

 補給站

在「影像檔」籤頁中，背景影像的設定及方格影像的預設設定為
目前所設定的影像最佳化設定，當然，設計者也可以自訂。

　　透過以上的學習，我們大致掌握了優化與輸出網頁的設定，輸出成網頁後，可
在儲存位置上看到多出兩個資料夾，分別為js和images。要特別注意不能刪除js資料
夾，因為其中包含著所有網頁中所設定的網頁特效程式，故有此資料夾才能確保網頁
正常執行。

學習評量

選擇題

1.(　) 按鈕設計師提供了哪兩種設計類型？

(A)「圓角」與「矩形」　　(B)「任意形狀」與「矩形」

(C)「任意形狀」與「方形」　(D)「圓角」與「方形」。

2.(　) 以下哪一個選項不能透過「按鈕設計師（任意形狀）」視窗設定？

(A)斜角　(B)光線　(C)陰影　(D)填充。

3.(　) 將網頁儲存成HTML格式後，瀏覽器中的HTML文字物件不具有哪些特性？

(A)可複製　(B)可編修　(C)可點擊　(D)可選取。

4.(　) 以下哪一個不是「切割工具」中的選項？

(A)矩形切割　(B)圓形切割　(C)水平切割　(D)垂直切割。

5.(　) 將網頁儲存成Web後，其副檔名為下列哪一項？

(A)*.ufo　(B)*.jpg　(C)*.html　(D)*.gif。

實作題

牛刀小試－基礎題

1. 切割網頁是製作網頁的必學課程，因為只有合理的切割好網頁後方能發佈，完成製作的目的。下面將利用「切割工具」中的「自動切割」選項，切割網頁並以網頁形式進行輸出。

瀏覽器中的網頁效果

◎ 練習檔案：..\Example\Ex10\Pratice\分割與輸出網頁.ufo
◎ 成果檔案：..\Example\Ex10\Pratice\分割與輸出網頁_Ok.html

提示

a. 選擇「 📄 切割工具」，然後選擇「 📑 自動切割工具」選項。

b. 執行「檔案－其他儲存選項－儲存Web－存成HTML」功能，然後輸入檔案名稱，單
擊「存檔」按鈕，完成輸出。

大顯身手－進階題

1. 想要為網頁增添美麗的特殊效果，我們可以在網頁中加入各種特效。以下為
網頁中的文字套用「閃爍文字」特效，為圖片製作「投影片秀」，透過瀏覽
器即可看到網頁引人注目的特效了。

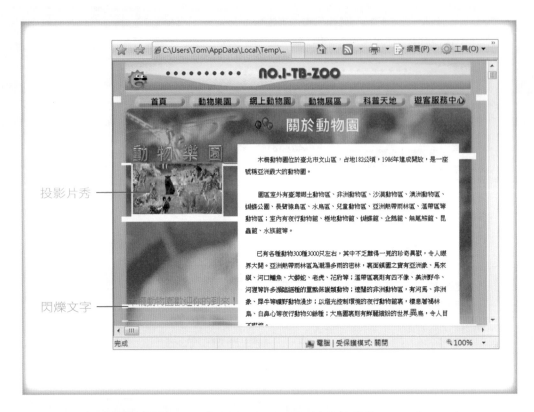

投影片秀

閃爍文字

◎ 練習檔案：..\Example\Ex10\Pratice\加入特效.ufo
◎ 素材檔案：..\Example\Ex10\Pratice\A1.jpg~A3.jpg
◎ 成果檔案：..\Example\Ex10\Pratice\加入特效_Ok.ufo

提示

a. 在網頁左下文字上單擊滑鼠右鍵，然後在展開的選單中執行「Script特效－閃爍文字」功能。

b. 在「閃爍文字」對話方塊中，設定兩種閃爍文字的顏色分別為「#FF50A7（紅色）」、「#D278FF（紫色）」。

c. 在熊貓的圖片上單擊滑鼠右鍵，執行「Script特效－投影片秀」功能。

d. 單擊「 + 新增影像」按鈕，在彈出的對話方塊中，選擇檔案A1.jpg~A3.jpg，單擊「開啟舊檔」按鈕，最後返回上一對話方塊，單擊「確定」按鈕。

散播歡樂─
影像分享

PhotoImpact X3
實用 教學寶典

11-1 Web相簿

珍藏了許多有特色的相片，光是自己獨享，好像太自私了，好東西要和好朋友分享囉！但要怎麼分享呢？難不成要帶著相片檔到朋友家，一家一家的播放嗎？別鬧了！現在可是網際網路發達的時代，只要將影像製作成Web相簿，不僅便於管理，更方便與大家分享這些典藏的相片。

重點掃描
- 設定影像欄位名稱與文字縮圖的版面配置
- 設定影像的檢視大小及其品質
- 為Web相簿縮圖設定背景材質
- 設定網頁的背景和文字色彩
- 設定網頁中附註的文字樣式、標題標籤

選取Web相簿影像來源

在「選取影像」對話方塊中，可以透過「瀏覽」按鈕選取儲存影像資料的資料夾，做為Web相簿的影像來源。

透過「瀏覽」按鈕，可以選擇Web相簿影像的來源

選擇影像的儲存位置

設定Web相簿的內容

在「匯出至Web相簿」對話方塊中的「網頁設定」籤頁，可以設定標題標籤、頁首和頁尾的格式、頁碼的樣式，還可以設定網頁之間是透過什麼來彼此連結的。

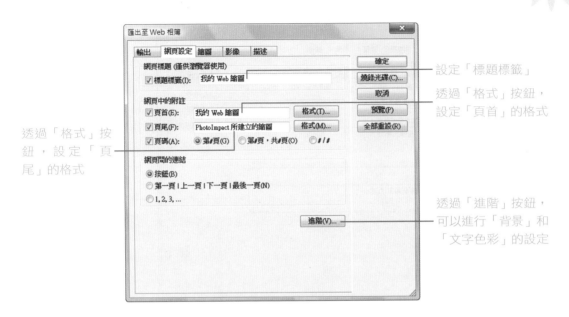

設定「標題標籤」

透過「格式」按鈕，
設定「頁首」的格式

透過「格式」按
鈕，設定「頁
尾」的格式

透過「進階」按鈕，
可以進行「背景」和
「文字色彩」的設定

設定縮圖

在「縮圖」籤頁中，我們可以設定導覽框架的位置，以及縮圖顯示的位置，還可以設定縮圖的背景、版面配置、大小等等。

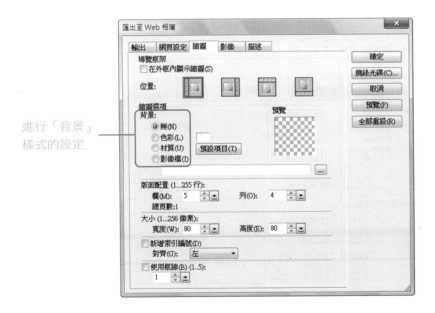

進行「背景」
樣式的設定

設定影像大小/品質

在「影像」籤頁中，我們可以設定影像的檢視大小、JPEG壓縮品質、是否使用框線及設定框線的粗細。

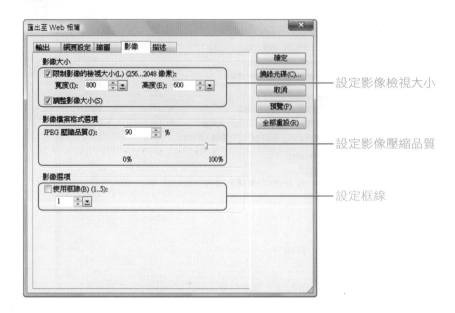

設定影像檢視大小

設定影像壓縮品質

設定框線

添加描述

在「描述」籤頁中，我們可以設定縮圖下面要顯示哪些描述性的文字，如可以顯示檔案名稱、尺寸等等，還可以設定這些描述性的文字在縮圖下的對齊方式。

在影像下顯示的欄位

文字的對齊方式

顯示欄位名稱

實力教戰－製作Web相簿

下面將透過把影像製作成相簿的形式，來介紹如何把多張相片製作成Web相簿。

製作成功的「我的Web縮圖」相簿

◎ 練習檔案：..\Example\Ex11\Web相簿\
◎ 成果檔案：..\Example\Ex11\Web相簿_Ok\

Step 1
選取影像來源－開啟「選取影像」對話方塊，透過「瀏覽」按鈕，開啟「瀏覽資料夾」視窗，選取影像來源資料夾。

1 執行「檔案－分享－Web相簿」功能
2 單擊「⋯瀏覽」按鈕
3 選取資料夾
4 單擊「確定」按鈕
5 單擊「確定」按鈕

設定輸出的資料夾－在「匯出至Web相簿」對話方塊中，選取輸出影像的資料夾。

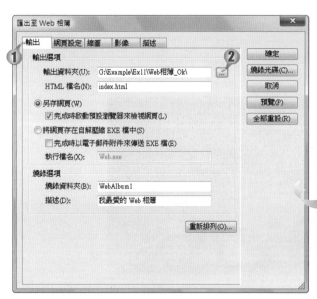

1 切換至「輸出」籤頁

2 單擊「 ... 瀏覽」按鈕

3 選取「Web相簿_Ok」資料夾

4 單擊「確定」按鈕

網頁設定－設定網頁中附註的文字樣式。

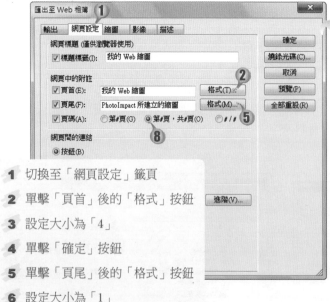

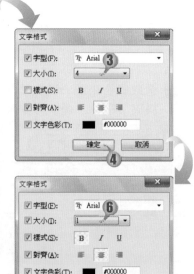

1 切換至「網頁設定」籤頁

2 單擊「頁首」後的「格式」按鈕

3 設定大小為「4」

4 單擊「確定」按鈕

5 單擊「頁尾」後的「格式」按鈕

6 設定大小為「1」

7 單擊「確定」按鈕

8 選擇「第#頁，共#頁」選項

Step 4 網頁的進階設定－設定網頁的背景和文字色彩。

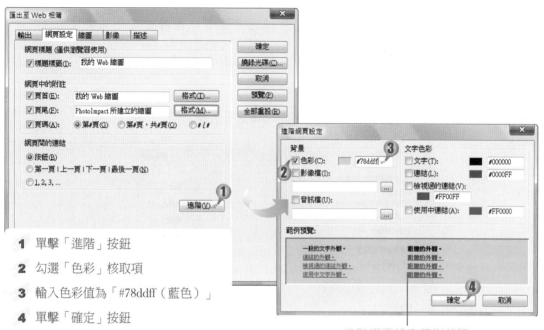

1 單擊「進階」按鈕

2 勾選「色彩」核取項

3 輸入色彩值為「#78ddff（藍色）」

4 單擊「確定」按鈕

進階網頁設定範例預覽

Step 5 設定縮圖－為Web相簿縮圖設定背景材質。

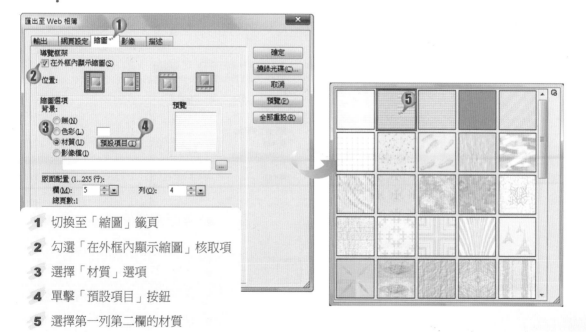

1 切換至「縮圖」籤頁

2 勾選「在外框內顯示縮圖」核取項

3 選擇「材質」選項

4 單擊「預設項目」按鈕

5 選擇第一列第二欄的材質

🏠 **小叮嚀**

縮圖的背景不僅可以使用材質來填充，還可以根據自己的需要使用色彩和影像檔來填充。

Step 6 設定影像－設定影像的檢視大小和JPEG壓縮品質。

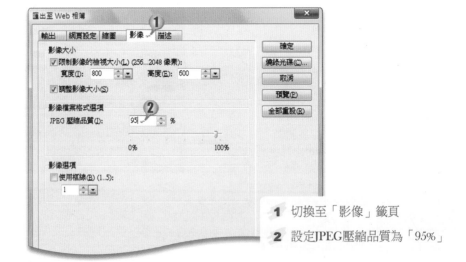

1 切換至「影像」籤頁

2 設定JPEG壓縮品質為「95%」

Step 7 設定影像的描述－設定顯示欄位名稱及文字縮圖的版面配置。

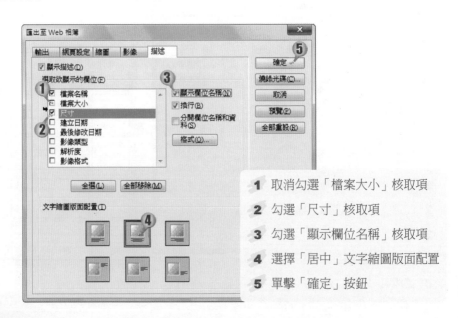

1 取消勾選「檔案大小」核取項

2 勾選「尺寸」核取項

3 勾選「顯示欄位名稱」核取項

4 選擇「居中」文字縮圖版面配置

5 單擊「確定」按鈕

製作好了Web相簿，使凌亂的影像變得組織分明，便於從整體上檢視影像，也能夠大大減少搜尋的時間，使影像更容易管理。

11-2　製作月曆

每當新的一年來臨，就得換個新月曆，買現成的不夠經濟，也顯不出個人獨特的品味；如果能夠發揮創意自製月曆，分送親朋好友，不僅經濟實惠，還能展現自己的巧思，一舉數得。本節將告訴您如何利用PhotoImpact來製作精美的月曆，使您能隨心所欲的製作出獨具風格的月曆。

套用範本

PhotoImpact的月曆功能，內建了許多範本，這些範本都有影像置入區，使用時將新增影像拖曳到這些區域即可完成月曆製作。另外，您還可以一次製作多個月份的月曆，但必須分別為這些月曆指定新影像。

範本　　　　　　　　　　　　可設定製作的月曆數量

新增影像　　　　　　同時製作多份月曆

實力教戰－製作月曆

下面將直接套用月曆範本，變更其中的影像，並且加上自訂的形狀，示範如何快速建立具自我風格、絕無僅有的月曆。

製作完成的精美月曆

◎ 練習檔案：..\Example\Ex11\分享月曆.jpg
◎ 成果檔案：..\Example\Ex11\分享月曆_Ok.jpg

Step 1 設定範本－選擇月曆範本，然後將背景影像加入範本。

檔案－分享－月曆

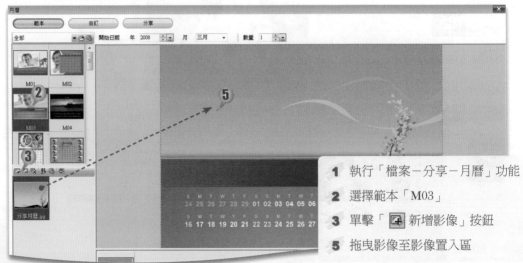

1 執行「檔案－分享－月曆」功能
2 選擇範本「M03」
3 單擊「🖼 新增影像」按鈕
5 拖曳影像至影像置入區

4 選擇影像儲存位置
並雙擊影像

Step 2 調整影像位置－拖曳影像，顯示影像主體。

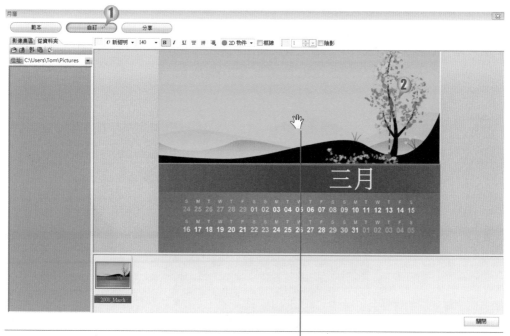

注意此時的游標形狀

1 切換到「自訂」籤頁

2 向上拖曳影像

Step 3 設定文字－變更範本的文字內容。

此處可設定框線寬度與色彩

1. 拖曳文字框至月曆中間
2. 變更文字內容為英文「March」
3. 勾選「框線」核取項
4. 勾選「陰影」核取項
5. 在影像上單擊並輸入文字「2008」
6. 變更文字顏色為「#FFFFFF（白色）」

Step 4 加入物件－加入「月亮」物件，豐富畫面內容。

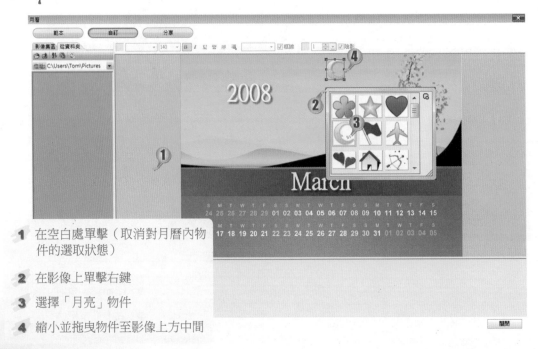

1. 在空白處單擊（取消對月曆內物件的選取狀態）
2. 在影像上單擊右鍵
3. 選擇「月亮」物件
4. 縮小並拖曳物件至影像上方中間

Step 5 儲存檔案－儲存設計成果，離開設計視窗。

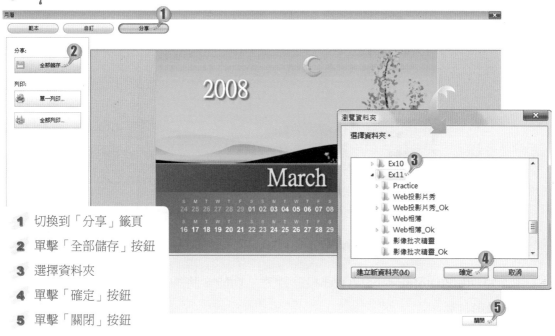

1 切換到「分享」籤頁
2 單擊「全部儲存」按鈕
3 選擇資料夾
4 單擊「確定」按鈕
5 單擊「關閉」按鈕

　　透過以上的學習，會發現要製作基本型態的月曆並不難；當您製作技術純熟之後，還是建議您善加利用PhototoImpact的影像編修、影像特效、文字特效等主要功能來設計更令人讚嘆的作品，否則可是會埋沒了您的創意喔！

11-3　Web投影片秀

　　管理影像檔案的目的之一是方便以後存取及瀏覽。PhotoImpact X3提供了投影片秀功能，可以將多張影像整合為一個文件，並且添加相片切換效果，另存為視訊格式之後，方便隨時隨地觀賞影像內容。

> **重點掃描**
> ❋ 為Web投影片秀加入背景音樂
> ❋ 設定投影片的大小、品質及切換時間

投影片設定

　　在「投影片」籤頁中，可以設定影像檢視時的大小及是否調整影像大小，還可以設定影像的JPEG壓縮品質、是否自動切換影像及延遲時間、是否加上框線及設定框線粗細。

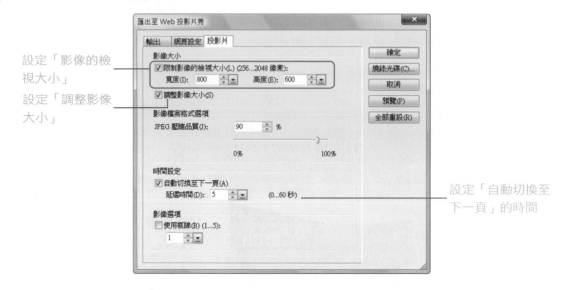

設定「影像的檢視大小」

設定「調整影像大小」

設定「自動切換至下一頁」的時間

實例教戰－製作Web投影片秀

下面將利用PhotoImpact的「Web投影片秀」功能，將練習檔資料夾中的影像，製作為Web投影片秀。

Web投影片秀

◎ 練習檔案：..\Example\Ex11\Web投影片秀\
◎ 素材檔案：..\Example\Ex11\br.wav
◎ 成果檔案：..\Example\Ex11\Web投影片秀_Ok\

Step 1

選取影像來源－選取欲製作投影片秀的影像來源資料夾。

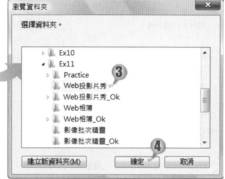

1 執行「檔案－分享－Web投影
片秀」功能

2 單擊「 … 瀏覽」按鈕

3 選取「Web投影片秀」資料夾

4 單擊「確定」按鈕

5 單擊「確定」按鈕

Step 2

設定輸出的位置－為投影片秀指定一個輸出資料夾。

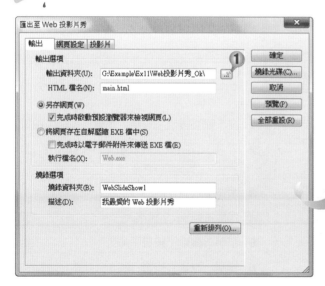

1 單擊「 … 瀏覽」按鈕

2 選取「Web投影片秀_Ok」資料夾

3 單擊「確定」按鈕

Step 3 設定網頁的音樂－透過「進階」設定，為網頁添加背景音樂。

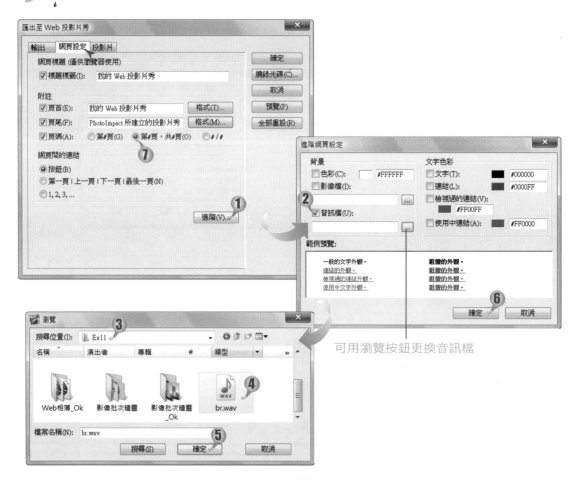

可用瀏覽按鈕更換音訊檔

1 在「網頁設定」籤頁，單擊「進階」按鈕

2 勾選「音訊檔」核取項（首次操作會自動彈出「瀏覽」視窗）

3 選擇檔案儲存的路徑

4 選取「br.wav」檔案

5 單擊「確定」按鈕

6 單擊「確定」按鈕

7 選擇「第#頁，共#頁」選項

Step 4 設定投影片－設定投影片的大小、壓縮品質以及自動切換至下一頁的時間。

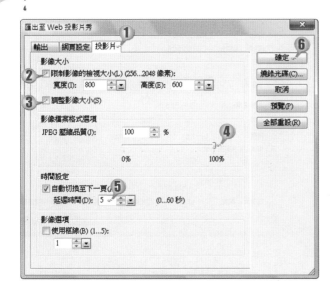

1 切換至「投影片」籤頁

2 取消勾選「限制影像的檢視大小」核取項

3 取消勾選「調整影像大小」核取項

4 拖曳滑動桿，調整JPEG壓縮品質為「100%」

5 設定延遲時間為「5」秒

6 單擊「確定」按鈕

　　將相片製作成投影片秀，可以便於管理和瀏覽影像，而在製作過程中，我們要注意「自動切換至下一頁」的延遲時間設定要適中，避免速度過快而無法檢視或過慢讓人枯等。

11-4　行動影像

　　根據統計，全台灣每人平均有1.2支手機（廣義來說包含所有行動裝置），如何讓自己的手機與眾不同呢？除了品牌造型與鈴聲之外，螢幕上的顯示桌布也是一個重點。利用PhotoImpact可以設計桌布並匯入您的行動裝置中，您可以隨使用的場合或心情，隨時隨地變更不同的手機顯示畫面。

> **重點掃描**
> ❈ 設定目標框架
> ❈ 設定裁剪圖片的大小

分享為行動影像

　　在「行動影像」設定對話視窗中內建了多種行動裝置型號的適用尺寸，可以根據您的行動裝置直接選擇；若無您所使用的型號，自行新增目標框架，設定適當的尺寸。設定目標框架尺寸的目的是以防影像在不同框架大小的螢幕上產生變形失真。

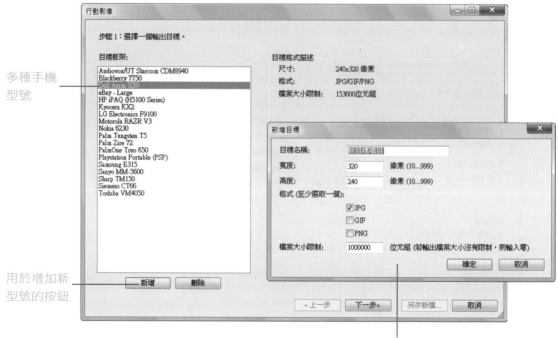

多種手機型號

用於增加新型號的按鈕

「新增目標」設定視窗

實力教戰－分享為行動影像

下面將透過調整影像為符合「Playstation Portable(PSP)」螢幕尺寸，並傳送到行動裝置上，介紹如何將一般影像分享為行動影像並傳送到行動裝置上，為您的行動裝置增添趣味。

原始影像

製作的手機影像

◎ 練習檔案：..\Example\Ex11\行動影像.jpg

◎ 成果檔案：..\Example\Ex11\行動影像_Ok.gif

Step 1 選擇輸出目標－選擇「Playstation Portable(PSP)」為輸出對象，設定目標框架。

檔案－分享－行動影像

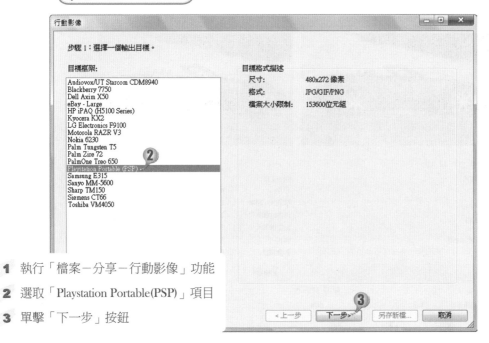

1 執行「檔案－分享－行動影像」功能

2 選取「Playstation Portable(PSP)」項目

3 單擊「下一步」按鈕

Step 2 設定剪裁範圍－調整剪裁範圍的大小，保留需要的影像內容。

拖曳框線的四個
角可以調整裁剪
範圍的大小

1 拖曳框線調整選取的區域

2 單擊「下一步」按鈕

Step 3 另存新檔－選擇輸出的影像格式，另存新檔。

1 選擇「GIF」選項

2 單擊「另存新檔」按鈕

3 選擇儲存路徑

4 輸入儲存名稱

5 單擊「存檔」按鈕

透過本節的學習，我們可以把自己喜歡的圖片製作成手機或PDA的桌面背景，這樣，每天盯著手機看，也不會覺得煩囉！

11-5 影像批次精靈

有時候我們會針對不同場景或不同日期拍攝的相片處理成不同的風格，最簡單的是加上背景、邊框或日期等以示區別。這些操作看似簡單，但面對成千上百張相片，一張一張操作下來，也是挺累人的。PhotoImpact X3為您提供了解決之道－「影像批次精靈」，它可以一次將多張相片針對背景、邊框及日期，同時間製作完成，解決這類簡單卻重複、耗時的工作。

重點掃描
- 設定影像背景
- 設定影像邊框
- 在影像中加入日期/時間
- 預覽影像設定效果

背景

在「影像批次精靈」中，可以為影像添加各類背景。背景可以是純色的，也可以是漸層、材質或其他影像檔案。

漸層背景

材質背景

影像背景

邊框

手動設計邊框要考慮的細節較多，影像的風格、大小、色彩及形狀等都不可忽視。PhotoImpact的「影像批次精靈」提供了多個由專業設計師設計的影像邊框，直接套用即可，大大的簡化了我們的工作。

「邊框」
核取項

多個可選邊框

「陰影」
核取項

實例教戰－影像批次精靈

下面將利用「影像批次精靈」功能對資料夾內的所有影像設定同一個背景、邊框、日期/時間等，快速完成所有影像的處理工作。

製作完成的部分影像

◎ 練習檔案：..\Example\Ex11\影像批次精靈\
◎ 成果檔案：..\Example\Ex11\影像批次精靈_Ok\

設定一般屬性－設定影像的來源與目標資料夾。

檔案－影像批次精靈

1 執行「檔案－影像批次
  精靈」功能

2 單擊「 ... 瀏覽」按鈕，
  設定來源和目標資料夾

3 單擊「下一步」按鈕

來源資料夾　　　　　　　　　　　目標資料夾

Step 2 設定影像背景－選擇影像檔案做為相片的背景。

 選擇「填充影像檔案」選項

2 單擊「 … 瀏覽」按鈕

3 雙擊「rc01.JPG」

4 單擊「下一步」按鈕

Step
3 設定邊框－選擇邊框類型，為影像製作獨樹一格的邊框效果。

1 勾選「邊框」核取項

2 雙擊「Edge14」邊框圖示

3 單擊「下一步」按鈕

Step
4 加入日期/時間－將系統時間加入影像，因背景較暗所以要用較淺的文字顏色。

1 勾選「從EXIF加入日期和時間」核取項

2 設定文字色彩為「#F7BC5B（橙色）」

3 選擇「中」選項

4 單擊「下一步」按鈕

Step 5 預覽輸出－預覽資料夾內影像的輸出效果，最終確認對所有影像的變更。

1 單擊「開始」按鈕

2 單擊「確定」按鈕

3 單擊「 ▶ 播放」按鈕

4 單擊「匯出」按鈕

5 單擊「關閉」按鈕

6 單擊「結束」按鈕

　　本章我們學習了幾種分享影像的功能，同時您還應該掌握「影像批次精靈」這個快速方便的功能，在下一章我們將學習製作DVD選單，瞭解更多的影像製作技巧。

 學習評量

選擇題

1.(　)　為了美化Web相簿，可以為相簿加上什麼？

　　　　(A)加入背景圖片　(B)加入框線　(C)加入表格　(D)加入藝術字。

2.(　)　為了便於管理與分享影像，可以將影像進行什麼處理？

　　　　(A)編號　(B)製作Web相簿　(C)放在一個資料夾　(D)壓縮成一個檔案。

3.(　)　為了增加影像的可讀性，可以怎麼做？

　　　　(A)增加其他影像　(B)增加音樂　(C)增加描述　(D)增加語音提示。

4.(　)　在製作月曆時可以套用兩種範本，製作出不同的月曆，一個是長方形範
　　　　本，另一個是什麼呢？

　　　　(A)正方形的範本　(B)圓方形的範本　(C)菱形的範本　(D)以上皆非。

5.(　)　在投影片的設定過程中可以設定哪些內容？

　　　　(A)自動切換至下一頁的延遲時間
　　　　(B)檢視時影像的大小
　　　　(C)壓縮的品質
　　　　(D)以上皆是。

實作題

牛刀小試－基礎題

1. 下面將為相片添加相框，如果這一過程採用手動設計將耗用大量時間，可利
　　用軟體提供的「檔案－分享－相片邊框」功能快速完成。

製作完成的相片邊框

◎ 素材檔案：..\Example\Ex11\Practice\相片邊框.jpg
◎ 成果檔案：..\Example\Ex11\Practice\相片邊框_Ok.jpg

提示：

a. 執行「檔案－分享－相片邊框」功能，勾選「邊框」核取項，設定樣式為「典雅邊框」，選擇如成果所示「FramC036」樣式範本。

b. 切換到「文字」籤頁，勾選「文字」核取項，輸入文字「童　年」（兩字間有一全形空白），設定文字字型為「華康海報體W12」、大小為「70」、「粗體」、色彩為「#DDFF78（黃色）」，選擇文字/標誌位置為「　　」，設定Y位移為「30」，單擊「確定」按鈕。

大顯身手－進階題

1. 下面將製作上半年的月曆，主要利用了軟體的「檔案－分享－月曆」功能，將練習檔案的幾個圖片套用到月曆範本，快速完成月曆的製作。

製作完成的月曆

◎ 素材檔案：..\Example\Ex11\Practice\製作月曆01.jpg~製作月曆06.jpg

◎ 成果檔案：..\Example\Ex11\Practice\製作月曆_Ok\

提示：

a. 執行「檔案－分享－月曆」功能，選擇範本「M16」，用「 ⊕ 新增影像」按鈕加
入練習檔案，設定月為「一月」，數量為「6」，在下方選擇一個月曆，拖曳影像
至影像置入區，對其他各月重複這一過程。

b. 切換到「分享」籤頁，單擊「全部儲存」按鈕，在彈出的對話框內選擇儲存位置
「製作月曆_Ok」資料夾，單擊「確定」按鈕。

動物的一生 –
DVD選單製作

12

製作DVD選單

　　DVD選單：百寶箱中內建的DVD選單範本
　　插入影像物件：以物件的形式將影像插入目前文件中
　　元件設計師：設計橫幅、項目符號、按鈕等各種元件
　　選單文字：可自訂選單文字的字型、大小等樣式

匯出DVD選單

　　範本樣式：縮圖選單、文字選單、動畫過場選單
　　元件：擁有適當ID的物件
　　匯出選單：匯出DVD選單範本，供燒錄軟體套用

12-1 製作DVD選單

時下有很多人都喜歡使用數位相機、DV來拍攝記錄自己和家人、朋友的生活片段,然後將其燒錄成DVD光碟,以備收藏紀念之用。為了讓這份收藏來的更珍貴,不妨使用前面章節所學習過的自製光碟包裝全套的方法,來製作一份精美的收藏光碟,此外,您還可以套用PhotoImpact X3內建的「DVD選單」範本建立DVD選單,讓您能快速地搜尋並瀏覽到所珍藏的生活片段。

重點掃描

❋ 套用百寶箱的「DVD選單」範本建立選單
❋ 插入符合尺寸的影像物件製作背景
❋ 使用元件設計師來設計按鈕
❋ 運用巧思修改文字的佈局

DVD選單

在百寶箱的「資料庫」中內建了「DVD選單」項目群組,提供了多款DVD選單範本及各種組成元件,在使用時只要直接雙擊套用即可。透過DVD選單範本建立的文件並不是單純的影像、文字和路徑物件,其物件皆已指定了ID,成為有內部連結的「元件」,所以指定好ID的DVD選單可以做為DVD製作軟體的選單範本,並且可直接套用。

套用範本建立的選單

其他選單元件範本

此外，也可以新增空白的DVD選單或開新影像，從零開始，一手完成所有DVD選單的設計製作。

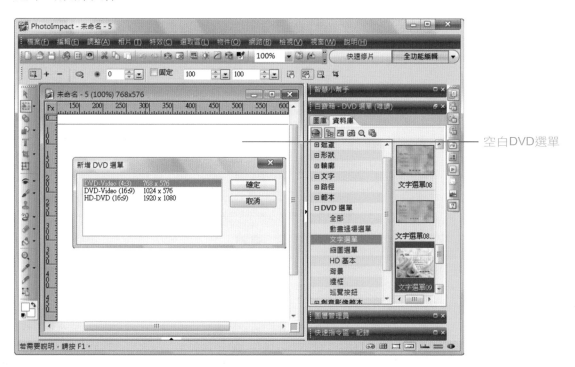

空白DVD選單

可以從「開新影像」對話方塊中選擇「DVD選單768×576像素」選項建立文件

可以自訂合乎規格的尺寸建立選單文件

元件設計師

元件是指具有某種特定關聯的一組物件，如DVD的巡覽按鈕、網頁中的按鈕、橫幅及各種項目符號等，元件設計師就是專門用於設計這些元件的程式，其中預設了許多樣式的元件範本，可以透過變更其大小、色彩、文字等來製作形形色色的元件。在「DVD選單製作」模式下，「元件設計師」對話方塊可以用「網路－元件設計師」功能來開啟。

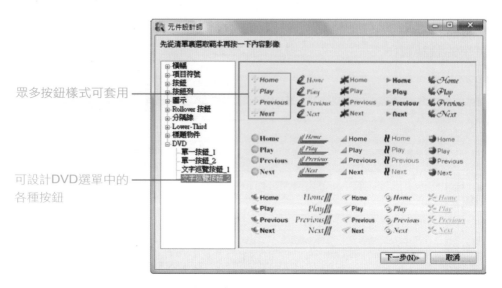

眾多按鈕樣式可套用

可設計DVD選單中的
各種按鈕

可設定文字、版面配置、
大小、陰影等項目

實例教戰－製作DVD選單

下面將套用PhotoImpact X3內建的DVD選單範本，快速建立符合尺寸的DVD選單
文件，透過變更背景和文字版面設定，做成DVD選單的版面，然後透過「DVD選單
製作大師」功能為各物件指定ID，做成可供DVD燒錄軟體直接套用的個性化DVD選
單範本。

自訂的選單文字

自訂的選單背景

自訂的巡覽按鈕

◎ 素材檔案：..\Example\Ex12\ bg.jpg、A2.jpg、動物.jpg
◎ 成果檔案：..\Example\Ex12\製作DVD選單_Ok.ufo

Step 1
套用範本－在百寶箱的「資料庫」中選擇適當的DVD選單範本加以套用。

套用範本建立的DVD選單文件

1 切換至「資料庫」籤頁

2 雙擊展開「DVD選單」項目

3 選擇「文字選單」項目，雙擊套用「文字選單02」樣式

Step 2 刪除不用的元件－選取巡覽按鈕和背景物件後刪除，以便自訂這兩個元件。

1 在「圖層管理員」窗格，按住Ctrl鍵選取物件

2 按下Del鍵刪除物件

Step 3 插入影像－插入自訂的影像圖片作為新的DVD選單背景。

物件－插入影像物件－從檔案

1 執行「物件－插入影像物件－從檔案」功能

2 選擇素材所在的資料夾

3 選取素材檔案「bg.jpg」

4 單擊「開啟舊檔」按鈕

5 按下Ctrl+Alt+↓ 快速鍵將圖片移至底層

Step **4** 編輯文字－將範本中的文字內容變更為所需的文字內容。

1 選擇「 文字工具」
2 雙擊編修文字

小叮嚀

由於插入的背景物件必須具備DVD選單規格尺寸才能指定對應的
ID，因此插入的背景影像物件需要調整大小，設計背景影像物件
的內容及調整物件大小的工作可以在任何時候進行，比如本例中
所插入的物件將在下一節調整為標準尺寸。

Step 5
加入文字框線－為輸入的文字添加框線，使其更加美觀。

參考上一步修改
其他文字（不需
添加框線）

1 選取文字圖層

2 變更文字顏色為「#008736（綠色）」

3 勾選「框線」核取項

4 設定框線顏色為「#FFFFFF（白色）」

5 設定框線寬度為「3」

Step 6
選擇範本－從「元件設計師」的「DVD」範本中選擇一個按鈕樣式。

網路－元件設計師

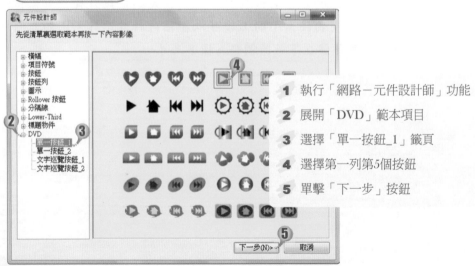

1 執行「網路－元件設計師」功能

2 展開「DVD」範本項目

3 選擇「單一按鈕_1」籤頁

4 選擇第一列第5個按鈕

5 單擊「下一步」按鈕

Step 7 設定陰影色彩－設定按鈕陰影以便自然地突顯按鈕物件。

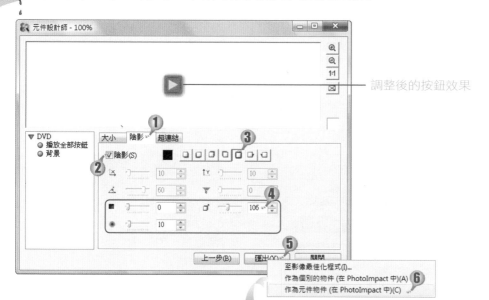

調整後的按鈕效果

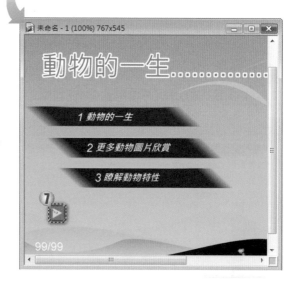

1 切換至「陰影」籤頁

2 勾選「陰影」核取項

3 選擇第5個陰影樣式

4 設定陰影透明度為「0」，大小為「106」，柔邊為「10」

5 單擊「匯出」按鈕

6 選擇「作為元件物件」選項

7 在文件上單擊，為按鈕定位

小叮嚀

除了自訂按鈕的大小、陰影之外，還可以自訂超連結，但在DVD選單中，設定超連結往往會影響觀賞者正常觀看影片，因此一般不進行超連結的設計。

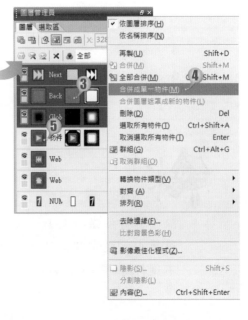

Step 8 對齊物件－插入其他按鈕，然後將按鈕對齊，讓按鈕處於同一水平位置並等距。

1 參考上一步插入其他按鈕，並按住 Shift鍵選取所有按鈕

2 單擊「 靠下對齊」按鈕

3 單擊「 水平間隔平均分配」按鈕

Step 9 分割合併物件－由於指定元件ID時，按鈕通常被歸於同一類，因此先將按鈕合併為單一物件以簡化操作。

1 在按鈕圖層上，單擊右鍵

2 執行「Web屬性－分割元件」功能

3 選取元件分割後的所有圖層

4 單擊右鍵，執行「合併成單一物件」功能

5 對其他按鈕重複上述操作

Step 10 插入影像－參考步驟三，在版面上方，插入其他影像，美化作品。

1 插入「動物.jpg」

2 插入「A2.jpg」

3 微調文字位置

　　本節我們透過套用範本快速建立DVD選單，並使用符合標準尺寸的影像素材自訂選單背景，最後使用「元件設計師」自行設計巡覽按鈕，製作出漂亮的選單介面，要注意的是，在選單中的文字無須刻意設定特效，因為當匯入到DVD燒錄軟體中時，文字特效將會遺失，僅保有其字型及大小。

12-2　匯出DVD選單

　　在上一節中我們設計好了DVD選單的版面，但是只有版面是不足以成為DVD選單的，如何才能做到單擊某一個按鈕時，選單上會產生相對應的效果呢？本節就來學習使用「DVD選單製作大師」，為設計好版面的選單指定元件ID，使之成為選單範本，此類範本將可以使用諸如「會聲會影」等影音編輯軟體進行套用，產生選單並燒錄到光碟中。

重點掃描
* 為各物件指定ID使之成為元件
* 匯出可供燒錄軟體套用的範本

DVD選單製作大師

　　「DVD選單製作大師」是配合「DVD選單設計」功能提供的外掛工具，需要您從友立官方網站上免費下載安裝。其主要作用是為設計好版面的DVD選單指定物件ID，使之可以加入到「會聲會影」和「錄錄燒」中作為範本套用。此外，也可以為選單加入音訊、視訊及變更反白色彩等。

單擊「3.進階」按鈕後可以加入音訊、視訊等

單擊「1.設定」按
鈕後可建立範本與
設定範本類型

單擊「2.指定ID」
按鈕後可指定ID

所有物件設定完成後就可以成功匯出

元件ID

　　「元件」是指文件中具有適當關聯的物件，在上一節中我們製作出來的DVD選單
還只是單純的介面，如果要使之成為真正有意義的DVD選單，就需要為各個物件指定
ID，使之成為DVD選單元件，如此選單才能夠順利匯入DVD燒錄軟體，套用並燒錄
到光碟中。

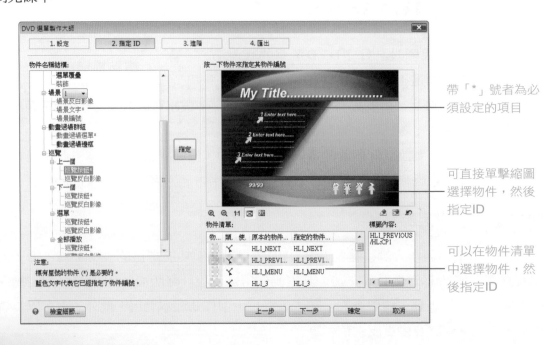

帶「*」號者為必
須設定的項目

可直接單擊縮圖
選擇物件，然後
指定ID

可以在物件清單
中選擇物件，然
後指定ID

實例教戰－DVD選單

下面將使用「DVD選單製作大師」，為製作好的DVD選單物件建立選單範本、設定選單類型、指定合適的ID、設定反白色彩，然後匯出為適合「會聲會影」、「錄錄燒」等燒錄軟體套用的DVD選單範本。

指定好ID並匯出
的DVD選單範本

游標指向按鈕時
會出現反白色彩

◎ 練習檔案：..\Example\Ex12\匯出DVD選單.ufo
◎ 成果檔案：..\Example\Ex12\匯出DVD選單_Ok.ufo

Step 1 設定範本樣式－以「VideoStudio 10」為目標建立範本，選擇正確的範本樣式。

特效－DVD選單－DVD選單製作大師

1 執行「特效－DVD選單－DVD選單製作大師」功能

2 選擇目標為「VideoStudio 10」

3 選擇範本樣式為「文字選單」

4 輸入範本名稱「動物的一生」

5 單擊「下一步」按鈕

Step 2

指定背景影像對應ID－為自訂的背景影像物件指定ID。

1 單擊背景物件

2 選擇「背景影像*」項目

3 單擊「指定」按鈕

Step 3

指定播放按鈕對應的ID－為自訂的按鈕物件分別指定ID。

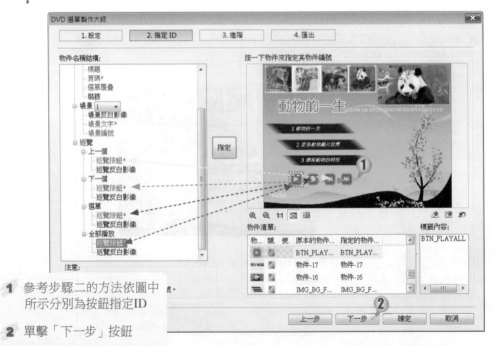

1 參考步驟二的方法依圖中
所示分別為按鈕指定ID

2 單擊「下一步」按鈕

Step 4 設定反白色彩－變更場景文字與巡覽色彩配對。

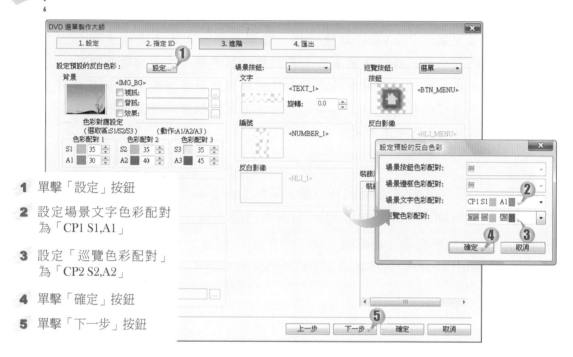

1 單擊「設定」按鈕

2 設定場景文字色彩配對
為「CP1 S1,A1」

3 設定「巡覽色彩配對」
為「CP2 S2,A2」

4 單擊「確定」按鈕

5 單擊「下一步」按鈕

Step 5 確認輸出－預覽輸出效果，確定輸出成果。

1 單擊「更新縮圖」按鈕

2 單擊「確定」按鈕

用「匯出」按鈕
可更改輸出位置

小叮嚀

如果安裝了「DVD錄錄燒」或「會聲會影」，在上面的步驟中
您也可以直接將選單範本匯至其預設的範本庫中，當開啟此類軟
體之後，就可以在對應的清單中找到自製的範本直接套用了。當
然，您可以將範本以UFO格式先儲存在任何位置，等需要使用時
再移動到目標範本庫中。

　　本節我們學習了如何使用「DVD選單製作大師」為設計好版面的選單指定物件
ID，然後匯出為範本，成為範本的DVD選單已成為真正可使用的DVD選單。結合
PhotoImpact X3的影像設計功能與「DVD選單製作大師」，雙劍合璧，您將不再受制
於燒錄軟體所提供的有限選單範本，而能製作出任何理想中的DVD選單。

 **學習評量**

選擇題

1.(　) 建立DVD選單文件共有幾種方式？

(A) 1種　(B) 2種　(C) 3種　(D) 4種。

2.(　) 哪一種選單可以不經過「DVD選單製作大師」的處理而直接匯入會聲會影套用？

(A) 套用範本並更換了背景圖片的選單
(B) 使用「新增DVD選單」方式建立的DVD選單
(C) 套用範本並修改了文字色彩的選單
(D) 開新影像自訂標準尺寸建立的選單。

3.(　) 在自訂巡覽按鈕時，為何將按鈕合併成單一物件？

(A) 不合併將不能指定ID　　　(B) 不合併將不會出現反白效果
(C) 合併後可以簡化指定ID的操作　(D) 合併後可以指定更多的ID。

4.(　) 要自訂DVD巡覽按鈕一般不使用下列哪一種方法？

(A) 使用「元件設計師」製作
(B) 使用「背景設計師」製作
(C) 使用「按鈕設計師」製作
(D) 套用「DVD選單」項目中的「巡覽按鈕」範本製作。

5.(　) 在「DVD選單製作大師」中不可以進行何種操作？

(A) 建立範本　(B) 指定ID　(C) 加入音訊和視訊　(D) 設定縮圖大小。

實作題

牛刀小試－基礎題

1. 朋友過生日時拍攝了一段內容精采的DV片段，準備燒錄到DVD光碟中。讓我們幫他做個DVD選單吧？現在已經有了一個透過套用範本建立的選單文件，請利用素材檔中的圖片設計選單背景，調整至合適尺寸，完成DVD選單介面設計。

製作的DVD選單背景

◎ 練習檔案：..\Example\Ex12\Practice\製作選單背景.ufo
◎ 素材檔案：..\Example\Ex12\Practice\生日快樂.jpg
◎ 成果檔案：..\Example\Ex12\Practice\製作選單背景_Ok.ufo

提示：

a. 執行「物件－插入影像物件－從檔案」功能，將「生日快樂.jpg」插入文件，然後按下Ctrl+Alt+↓快速鍵調整物件至底層（調整排序亦可放在最後步驟）。

b. 選擇「變形工具」，調整影像大小為「768×576」，使其符合選單製作標準。

大顯身手－進階題

1. 請為一個記錄大草原生活的DVD選單補齊按鈕物件及指定補齊物件的ID，使之成為適合匯出製作的選單範本。

製作完成的選單元件

◎ 練習檔案：..\Example\Ex12\Practice\製作選單元件.ufo
◎ 成果檔案：..\Example\Ex12\Practice\製作選單元件_Ok.ufo

提示：

a. 開啟「元件設計師」視窗，選擇「DVD」範本下的「文字巡覽按鈕_1」選項，選擇第二列第一個按鈕組合，單擊「下一步」按鈕。

b. 切換至「陰影」籤頁，設定透明度為「25」、大小為「102」、柔邊為「5」。

c. 單擊文字項目「最前面」，透過RGB數值上方的大色塊變更色彩為「#FFFFFF（白色）」，最後匯出按鈕至文件。

d. 在組合按鈕的圖層上單擊滑鼠右鍵，執行「Web屬性－分割元件」功能。

e. 每個按鈕會分為5個圖層，分別選取按鈕的5個圖層，然後單擊滑鼠右鍵，執行「合併成單一物件」功能。

f. 為各按鈕指定ID由上至下分別為「選單－巡覽按鈕」、「全部播放－巡覽按鈕」、「上一個－巡覽按鈕」、「下一個－巡覽按鈕」，切換到「匯出」籤頁。

g. 更新縮圖查看整體效果，最後單擊「確定」按鈕。

登峰造極—
影像設計綜合實例 13

13-1 轉成物件與前後順序

這一節我們將利用選取區為影像製作相框，另外再配合圖層的調整，讓素材與物件完美結合。為影像製作相框屬於常用的影像美化方法，希望大家能認真瞭解這種製作。

擴大底框

擴大底框就是擴展基底影像，而其他影像物件的大小則不變。基底影像上下左右各邊延伸的大小以「像素」為單位，可以以等距的方式進行擴大，也可以自行調整各邊框擴大的值。此外，還可以設定邊框擴散的色彩。執行「調整－擴大底框」功能，即可開啟「擴大底框」視窗進行設定。從該視窗中還可以檢視目前影像及擴大底框後影像大小、寬度及高度。

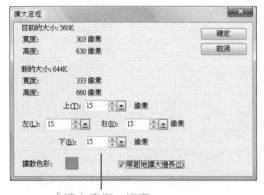

「擴大底框」視窗

原始影像大小

擴大底框後的影像

實例教戰－轉成物件與前後順序

下面將首先透過百寶箱中的影像物件建立一張新影像，並適當的擴大底框後，製作鏤空的相框，插入相框的背景影像，並適當調整各物件的前後順序。

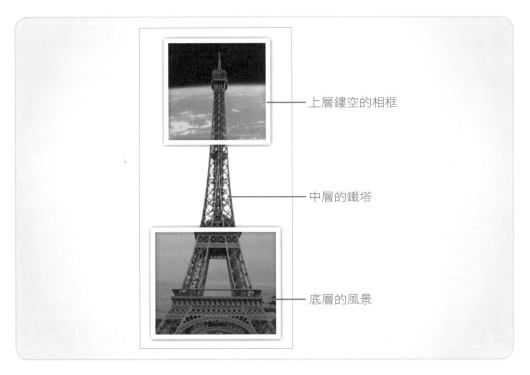

上層鏤空的相框

中層的鐵塔

底層的風景

◎ 練習檔案：..\Example\Ex13\picture01.jpg、picture02.jpg

◎ 成果檔案：..\Example\Ex13\轉成物件與順序_Ok.ufo

Step 1

加入物件－使用百寶箱中的「資料庫」物件的內容，直接建立一張新影像。

1 在百寶箱選擇「資料庫」中的
「影像－建築」項目

2 雙擊「艾菲爾鐵塔」影像物件，
將該物件建立成新影像

Step 2

擴大底框－自動建立的檔案是根據物件大小設定底框的，物件周圍所剩餘的空間較小，增加底框大小，方便進行操作。

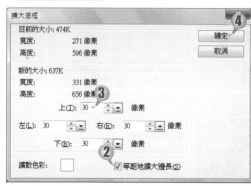

1 執行「調整－擴大底框」功能

2 勾選「等距地擴大邊長」核取項

3 在任一邊輸入要擴大的底框像素值為「30」像素

4 單擊「確定」按鈕

Step 3

製作框線選取區－先繪製一個矩形選取區，然後將選取區變成一個寬10像素的框線型選取區，準備製作相片邊框。

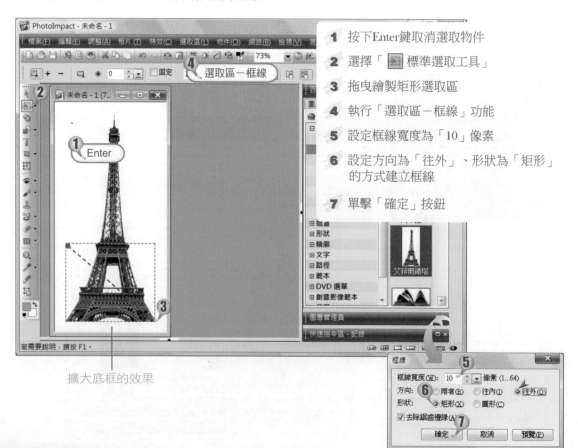

1 按下Enter鍵取消選取物件

2 選擇「 標準選取工具」

3 拖曳繪製矩形選取區

4 執行「選取區－框線」功能

5 設定框線寬度為「10」像素

6 設定方向為「往外」、形狀為「矩形」的方式建立框線

7 單擊「確定」按鈕

擴大底框的效果

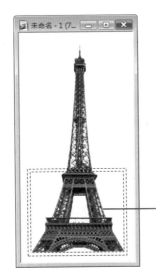

建立框線型的
選取區

Step 4 轉成物件並加陰影－將選取區轉成物件後，原選取區內的基底影像內容就會成為
物件（本例是白色邊框物件）；轉成物件後，即可為物件加上陰影效果。

① 選取區－轉成物件

1 執行「選取區－轉成物件」功能

2 選擇「 ▶ 挑選工具」

3 單擊「 ⬆ 移至頂層」按鈕

4 執行「物件－陰影」功能

5 勾選「陰影」核取項，選擇第五
個陰影樣式

6 單擊「確定」按鈕

選取區轉成物件後的效果

Step 5　加入背景－將素材檔案加入影像中,並使其位於相框與鐵塔這兩個物件的下方,
作為影像背景。

上一步驟為
物件設定陰
影的效果

1　開啟「picture02.jpg」素材檔案

2　按下Ctrl+A快速鍵全選影像

3　按下Ctrl+C快速鍵複製影像

4　切換至練習檔案並按下Ctrl+V
　快速鍵貼上影像

5　移動影像至合適的位置

6　單擊「🡇 移至底層」按鈕

Step 6　調整大小－調整素材影像大小,使其填滿整個邊框物件內部。

1　選擇「🔲 變形工具」

2　拖曳控點調整影像大小

根據本例作品展示圖可知上方還需要建立一個相框物件，請採用上述相同的方法
練習製作。

13-2 透視變形影像設計

繼續上一節的製作，在鐵塔的中間加入一個經過變形
處理的相框。雖然是簡單的功能與基本的工具，談不上什
麼新知識與新技巧，卻有其設計巧妙之處，希望大家能多
加揣摩練習，以變化出各種充滿創意的絕佳作品。

┌─────────────────┐
重點掃描
❀ 調整選取區形狀
❀ 設定選取區框線
❀ 將選取區轉為物件
❀ 設定物件陰影效果
❀ 調整物件順序
❀ 調整物件大小
└─────────────────┘

實例教戰－透視變形影像設計

下面主要運用「變形工具」的「扭曲」功能，調整選取區的形狀，設計出有透視
效果的影像。

透視變形的影像

◎ 練習檔案：..\Example\Ex13\透視變形.ufo
◎ 素材檔案：..\Example\Ex13\picture03.jpg
◎ 成果檔案：..\Example\Ex13\透視變形_Ok.ufo

Step 1

繪製選取區－繪製一個矩形選取區，準備對選取區進行變形。

1 選擇「 標準選取工具」

2 拖曳繪製矩形選取區

Step 2

變形選取區－利用「變形工具」的功能，調整選取區控點使其變為不規則的矩形形狀。

1 選擇「 變形工具」

2 單擊「 作用於選取區上」按鈕

3 選擇「扭曲」模式

4 拖曳各個控點，調整選取區形狀

Step 3　增加框線－將選取區變成一個寬10像素的框線型選取區，準備製作相框。

① 選取區－框線

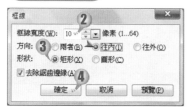

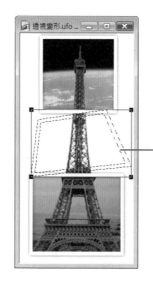

設定框線的效果

1 執行「選取區－框線」功能

2 設定框線寬度為「10」像素

3 設定方向為「往內」、形狀
　為「矩形」的方式建立框線

4 單擊「確定」按鈕

小叮嚀

在步驟三將選取區變形之後才轉換成框線，是為了可以確保框線
寬度不會受到變形影響，而能維持在10像素，與其他相框寬度相
同；這也是為何我們複製前一節製作好的相框，直接變形套用，
而重新製作選取區的原因。

Step 4　添加陰影效果－把選取區轉成物件，再為其設定陰影效果，製作出有立體感的
　相框。

① 選取區－轉成物件

② 物件－陰影

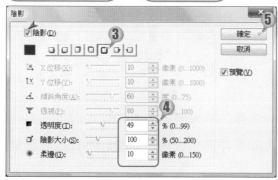

1 執行「選取區－轉成物件」功能

2 執行「物件－陰影」功能

3 勾選「陰影」核取項，選擇第五
　個陰影樣式

4 設定透明度為「49」、陰影大小
　為「100」、柔邊為「10」

5 單擊「確定」按鈕

Step 5

加入背景－將素材檔案加入影像中，並使其位於相框與鐵塔這兩個物件的下方，作為影像背景。

上一步驟為
物件設定陰
影的效果

1　開啟「picture03.jpg」素材檔案

2　按下Ctrl+A快速鍵全選影像

3　按下Ctrl+C快速鍵複製影像

4　切換至練習檔案並按下Ctrl+V
　　快速鍵貼上影像

5　移動影像至合適的位置

6　單擊「 ↓ 移至底層」按鈕

Step 6

調整大小－調整素材影像大小，使其填滿整個相框物件的內部。

1　選擇「 ⊞ 變形工具」

2　拖曳控點調整影像與矩形
　　物件內框大小一致

　　如果您有興趣不妨試試看將中間的物件，不作處理而直接採用同上一節一樣的相框外型效果，您會發現畫面因缺少變化顯得非常呆板，日常設計中我們應盡量避免這種情況。

13-3 切割與物件穿透設計

前一節有個很明顯的缺陷,就是鐵塔與三幅圖看起來不像整體,缺乏一致性與真實感,但是如果將中間圖片製作成被鐵塔貫穿的效果,如本節的成果那樣則會自然得多,這一節我們就利用圖層的局部複製貼上與順序調整這些最基本的功能,完成這樣的設計。

重點掃描
+ 選取物件的局部進行複製貼上
+ 設定影像物件的合併屬性

合併屬性

「合併」是指物件與其下層所顯示的物件以特定方式相混合,得到不同顯示效果的方法,物件可以設定「全部」、「色相與彩度」、「只有色相」、「只有彩度」、「只有明度」、「較亮」、「較暗」、「光線」、「差異」…等十多種合併屬性,使影像在色相、彩度、明度上產生各種交互作用,而得到截然不同的影像效果,這種作法常用於影像合成的時機。如果選擇「全部」、透明度為「0」,則上層影像完全覆蓋下層可見影像。

物件可設定的多種屬性

原始的物件效果

設定「強光」屬性的效果

物件設定「差異」屬性的效果

實例教戰－切割與物件穿透設計

下面將多次選取物件的局部，進行複製貼上的操作，並設定物件的「較亮」合併屬性，調整圖層順序，製作出鐵塔穿透雲層的效果。

物件被鐵塔切割
穿透的效果

◎ 練習檔案：..\Example\Ex13\切割物件.ufo
◎ 成果檔案：..\Example\Ex13\切割物件_Ok.ufo

Step 1

移至頂層－首先將中間的「相框」與「雲朵」影像物件移到最頂層，方便我們後續選取局部影像時作為參考。

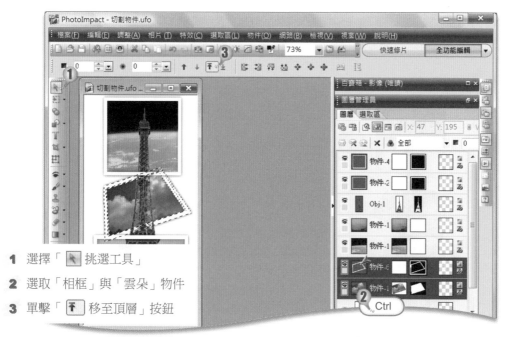

1 選擇「 挑選工具」

2 選取「相框」與「雲朵」物件

3 單擊「 移至頂層」按鈕

Step 2

複製物件局部－交接處的物件局部在畫面表現上，應該是置於頂層的，而其他位置的圖層順序則不變，因此需要複製這一部分的影像，然後貼上即可。

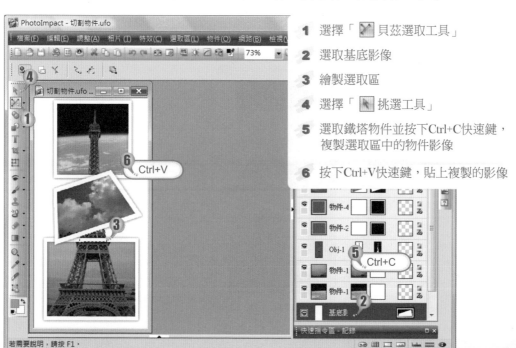

1 選擇「 貝茲選取工具」

2 選取基底影像

3 繪製選取區

4 選擇「 挑選工具」

5 選取鐵塔物件並按下Ctrl+C快速鍵，複製選取區中的物件影像

6 按下Ctrl+V快速鍵，貼上複製的影像

Step 3 製作中間穿透－將雲層中鏤空部分的鐵塔影像複製成獨立物件，然後利用圖層影像合併效果，使該部分的鐵塔呈現在雲中朦朧顯示的效果。

1 用上一步驟的方法完成物件的局部複製貼上處理

2 調整貼上物件的圖層影像合併模式為「較亮」

Step 4 複製貼上局部物件－用前面同樣的方法，將塔頂整個複製成獨立物件，使其矗立於相框的最前方。

1 用步驟二所述的方法，完成物件的局部複製貼上處理

Step 5 調整影像的順序－將最上面的相框、相框背景與塔頂影像這三個物件，移到最前
方，製作更為真實的影像穿透效果。

1 分別選取物件，然後將其移至頂層

可以將本節內容當作一種常用方法，用類似的操作製作「穿透」這種影像編輯的
慣用技巧。

13-4 加選與減選處理

鐵塔已經貫穿天地了，增加點小小的東西裝飾
一下畫面是個不錯的主意，在這一節，我們將為作
品添加一個要從相框內往外飛出的太空梭影像，使
大家進一步學到影像去背的應用時機與處理技巧。

> **重點掃描**
> ✤ 從建立的選取區中選取
> 　影像物件
> ✤ 刪除物件中多餘的部分

實例教戰－加選與減選處理

下面透過加選與減選的方式，從素材檔案中擷取影像物件，加入設計作品中，然
後再刪除物件中多餘的部分，製作一個正在運行中的「太空梭」影像物件。

添加的「太空梭」
影像物件

◎ 練習檔案：..\Example\Ex13\加選與減選.ufo
◎ 素材檔案：..\Example\Ex13\picture04.jpg
◎ 成果檔案：..\Example\Ex13\加選與減選_Ok.ufo

Step 1

調整物件位置－要加入新的物件時，上方空間不足，需要將所有物件的位置向下
微調。

1 物件－選取所有物件

1 執行「物件－選取所有物件」功能

2 按下鍵盤上的「↓向下」方向鍵，
向下微調移動所有物件至適當位置

Step 2

選取物件－用「標準選取工具」選取素材檔案中的「太空梭」影像部分。

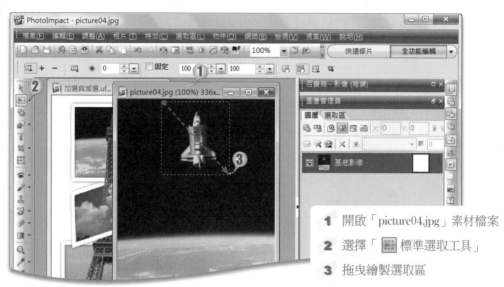

1 開啟「picture04.jpg」素材檔案

2 選擇「 標準選取工具」

3 拖曳繪製選取區

Step 3

選取物件－用「魔術棒工具」刪除選取區中黑色的背景，以選取出素材檔案中需
要的「太空梭」影像部分。

選取的太
空梭影像

1 選擇「 魔術棒工具」

2 單擊「 以減掉方式改變
現有選取區」按鈕

3 單擊選取區內的黑色區域，
選取太空梭影像

4 按下Ctrl+C快速鍵，複製選
取的太空梭影像

Step 4 旋轉物件－將複製的「太空梭」影像貼到作品上,並旋轉物件,使其有運動的效果。

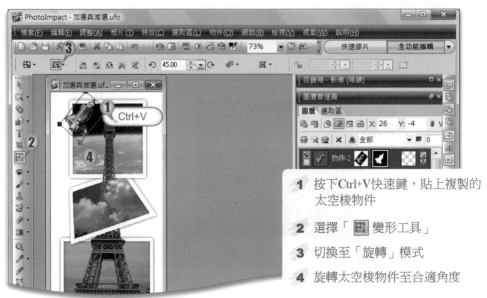

1 按下Ctrl+V快速鍵,貼上複製的太空梭物件

2 選擇「 變形工具」

3 切換至「旋轉」模式

4 旋轉太空梭物件至合適角度

除了調整物件的旋轉角度外,還可以調整其大小、位置,使其有最佳效果。

Step 5 刪除物件中多餘的部分－刪除左側蓋住並露出於相框外的機翼影像,表現出「太空梭」飛出畫面的效果。

1 選擇「 標準選取工具」

2 切換至「建立新的選取區」模式

3 拖曳選取物件超出邊框的部分區域

4 按下Delete鍵刪除影像

簡單的透過幾種最基本的功能與工具,一幅簡單但卻帶有趣味創意的作品就此誕生了,而貫穿其中的影像編輯常用技巧,希望大家都能靈活運用。

13-5　製作桌曆原型

　　完成的素材將要作為桌曆的主要影像，然而其中的日
期、星期與數字製作起來可是挺麻煩耗時的，這時我們可
以先利用PhotoImpact提供的月曆創意影像範本，快速完成
桌曆原型，然後再對該原型稍加變化，就能設計出更具創
意的桌曆作品了。

重點掃描
* 套用範本製作桌曆
* 改變範本背景影像
* 調整背景影像位置
　與大小

實例教戰－製作桌曆原型

　　下面將透過月曆範本，更換範本中的影像，製作精美的桌曆原型。

製作的桌曆原型

◎ 素材檔案：..\Example\Ex13\ picture05～07.jpg

◎ 成果檔案：..\Example\Ex13\2008_December.jpg

Step 1 設定範本－選擇範本，然後將背景影像加入範本。

① 檔案－分享－月曆

1 執行「檔案－分享－月曆」功能

2 選擇「M09」範本

3 單擊「⊞新增影像」按鈕

4 選擇素材影像所在的資料夾

5 按住Ctrl鍵，同時選取「picture05～07.jpg」素材檔案

6 單擊「開啟舊檔」按鈕

Step 2 更換影像－更換範本中預設的影像，使其符合設計需要。

1 單擊選取影像

2 雙擊「picture05jpg」縮圖

用動作1、2的方法更換範本中的其他影像

Step 3 調整影像－調整新影像的大小及其位置，使其能夠完全顯示。

1 單擊「自訂」按鈕

2 拖曳移動影像至合適位置

3 拖曳調整影像至合適大小

Step 4 儲存檔案－儲存設計成果，離開設計視窗。

上一步驟調整
影像位置及大
小後的效果

1　單擊「分享」按鈕

2　單擊「全部儲存」按鈕

3　選擇資料夾

4　單擊「確定」按鈕

5　單擊「關閉」按鈕

　　我們利用套用範本的方式快速完成了桌曆的製作，但這只能算是最一般的設計，如果想要與眾不同，那還需要對桌曆進行美化的工作。

13-6 創意桌曆美化

套用範本製作桌曆雖然方便但難免缺少個性，下面就來看看如何在桌曆中加入文字並為文字設定框線、透明度等，使簡簡單單的幾個文字即可將設計者不斷進取的精神盡情展露，使桌曆獨具個性。

重點掃描
✤ 設定刪除選取區的背景色
✤ 刪除背景中的文字內容
✤ 將影像轉成物件
✤ 為文字設定白色框線
✤ 為文字設定透明度
✤ 調整文字物件大小
✤ 置中對齊物件

實例教戰－創意桌曆美化

下面先刪除影像中不需要的文字內容，然後再設定有白色框線的標題文字，最後再設計具有朦朧美感的數字，以美化桌曆。

製作的背景效果

◎ 練習檔案：..\Example\Ex13\創意桌曆美化.jpg
◎ 成果檔案：..\Example\Ex13\創意桌曆美化_Ok.ufo

Step 1

選擇色彩－選擇背景影像中的色彩，作為下一步驟刪除選取區時的背景色。

1 選擇「🖊 色彩選擇工具」

2 單擊選擇色彩

3 單擊切換前景與背景色

Step 2

刪除文字－使用刪除選取區的方式刪除影像中不需要的文字。要注意的是，刪除
選取區後的色彩與所設定的背景色彩必須相同。

上一步驟選
擇的背景色

1 選擇「🔲 標準選取工具」

2 拖曳選取包含「十二月」文字的
區域後按下Delete鍵刪除

Step
3 　影像轉成物件－選取右側的影像，將其轉成物件，成為獨立的物件，方便後續加
入文字時進行對齊等操作。

刪除選取區後，填滿
相同的背景色

1 拖曳選取右側的影像區域

2 選擇「 魔術棒工具」

3 單擊「 以減掉的方式改變現
有的選取區」按鈕

4 單擊選取區中的空白區域

5 執行「選取區－轉成物件」功能

Step 4 輸入標題文字－為桌曆設定與背景色相同的標題文字。

1 選擇「 文字工具」

2 單擊指定輸入點

3 設定色彩為「#45072C（深紫色）」、
字型為「華康新特黑體（P）」、大小
為「138」

4 輸入文字內容為「登峰造極」

Step 5 美化標題文字－為標題文字加上白色框線，使其醒目。

1 選取文字物件

2 勾選「框線」核取項

3 設定框線色彩為「#FFFFFF
（白色）」、寬度為「8」

Step 6 設定月份文字－輸入月份文字，並設定其透明度，使其產生隱約可見的效果，對桌曆進行美化。

1 輸入文字內容為「12」

2 在影像其他地方單擊選取文字物件

3 設定色彩為「#FFFFFF（白色）」、字型為「Quixley LET」、大小為「138」

4 單擊「 *I* 斜體」按鈕

5 取消勾選「框線」核取項

6 設定透明度為「92」

Step 7

調整文字大小－調整設定透明度的文字物件大小，提高其可見度。

1 選擇「 ▦ 變形工具」

2 拖曳調整文字物件大小

Step 8

置中對齊－將桌曆標題、影像、月份數字置中對齊。

1 選擇「 ▨ 挑選工具」

2 按住Ctrl鍵，同時選取基底
影像上的三個物件

3 單擊「水平置中」按鈕

　　本章透過連續幾節實例，為您示範一步一步地完成一幅創意作品的設計過程，其中包含了大量的實用技巧與方法；有些技巧甚至可以立即解除心中的一些設計疑問，例如如何製作等寬但不同透視角度的相框、穿透影像效果等這些影像設計上的常用手法，希望藉此讓大家習得許多重要設計功能與常用設計手法之餘，也能提升在整合功能設計面的能力與經驗。

學習評量

選擇題

1.(　) 若想將影像的邊框加大30個像素,可使用下列哪一個功能?

　　(A)擴大底框　(B)框線　(C)陰影　(D)合併。

2.(　) 使用什麼功能可將繪製的矩形選取區變為框線型選取區?

　　(A)擴大底框　(B)框線　(C)變形　(D)合併。

3.(　) 下列關於矩形選取區的說法哪一個是錯誤的?

　　(A)選取區可以調整大小

　　(B)選取區可以設定框線

　　(C)選取區可以填充色彩

　　(D)選取區可以同時作用於多個圖層。

4.(　) 使用「魔術棒工具」時,在下列哪一種模式下,可以刪除選取區內的背景
影像?

　　(A)建立新的選取區

　　(B)以加入方式改變現有選取區

　　(C)以減掉方式改變現有選取區

　　(D)任何模式下都無法刪除。

5.(　) 若想使物件呈現出隱約可見的顯示效果,可以對物件進行什麼設定?

　　(A)提高物件的透明度

　　(B)調整物件大小

　　(C)在物件上繪製選取區

　　(D)為物件設定陰影。

Corel MediaOne Plus
多媒體管理軟體

14

Corel MediaOne Plus簡介
　　軟體特色：簡單易用，功能強大
　　視窗佈局：網頁式的樹狀結構
顯示與播放影像
　　將影像加入軟體：單一相片用Ctrl＋O快速鍵，多相片用「瀏覽更多資料夾」
　　製作投影片：以投影片顯示相片
編修影像
　　去除紅眼：利用「修復紅眼」功能，修復相片
快速製作影像作品
　　製作行事曆：利用軟體範本快速完成作品
分享影像
　　列印相片：透過預覽快速選擇所需版面進行列印
保護影像
　　燒錄光碟片：利用「快速光碟」或「備份至光碟」功能製作影像備份

14-1 Corel MediaOne Plus簡介

Corel MediaOne Plus是Corel公司數位媒體發佈的一款快速、有趣、易用的相片視訊處理軟體,目前做為PhotoImpact X3的附贈軟體一同發售。

> **重點掃描**
> ✦ 軟體特色
> ✦ 視窗佈局

Corel MediaOne Plus是一個以數位攝影為背景,針對數位相機普通用戶和準專業用戶而設計的一套集圖片管理、瀏覽、處理增強以及輸出為一身的軟體系統。它能完成大部分數位攝影相關的後期工作,拓展數位攝影的創作手段,進而深化數位相機的應用,為您的生活帶來無窮樂趣,為您的工作帶來更多方便。

軟體特色

Corel MediaOne Plus的市場定位決定了軟體的特色,該軟體主要的服務對象是普通用戶和準專業用戶,所以不僅入門門檻要夠低,而且其功能又必須豐富和強大。我們總結了軟體的特色如下:

◎ 工作流程指引

透過左側的主選單,即可按部就班的完成完整的影像視訊工作。例如下載、排列、調整相片,編輯、製作相片特效,修剪視訊影片,設定展示效果,封包輸出完整專案。

◎ 自動化及直覺式操作

直接連接相機或儲存媒體即可下載相片和視訊剪輯,多種簡易相片修復工具,以及自動組織所有相片和視訊剪輯。

◎ 快速安全備份功能

能將整個影像庫快速備份到CD或DVD中,以防硬碟出現故障時,造成影像檔案損毀。

◎ 多種類創意範本

透過數百個專業設計的範本,利用拖曳及簡單幾個步驟,即可完成相簿頁、賀卡、多張相片拼貼、日曆等專案。

◎ 多管道共享方式

列印、發送電子郵件、多媒體幻燈片節目等共享選項,使我們可以透過多種輕鬆、有趣的方式與家人和朋友分享相片和視訊。

視窗佈局

　　Corel MediaOne Plus的視窗佈局迥異於Photoshop和PhotoImpact，視窗上看不到大量的工具按鈕，讓人感覺它更近似於網頁。多個功能選項構成了視窗的主體，分別是：「首頁」、「增強」、「顯示」和「建立」。每個功能選項下還包含幾個子選項，所有的操作都由這些子選項中的功能設定完成。

「顯示」功能
選項

「建立」功能
選項

在下面的章節，我們將以多個實用範例，帶領大家體驗Corel MediaOne Plus的使用方法與應用經驗，同時也掌握一些影像處理基本技巧。

14-2 顯示與播放影像

瀏覽精美的相片是件很享受的事，尤其是由自己掌鏡記錄生活點滴、留下片刻回憶的成果。在Corel MediaOne Plus只要將相片加入軟體，就可以輕鬆的將相片製作為投影片。一邊啜飲咖啡，一邊觀看自動播放的相片，生活原來也可以這麼愜意。

加入影像

與其他軟體不同，在Corel MediaOne Plus中用「檔案－開啟舊檔」功能無法加入來源資料夾中所有的影像；如果要加入多張影像，必須透過「檔案瀏覽更多資料夾」功能，或在「首頁－排列」子選項中單擊「瀏覽更多資料夾」功能，兩者執行的結果是一樣。執行此功能後，會彈出「瀏覽資料夾」對話框，選取存放影像的來源資料夾即可將所有影像加入畫面中。

「瀏覽更多資料夾」功能

「瀏覽資料夾」對話框

製作投影片

將相片製作為投影片不算什麼新鮮功能，不過製作過程如Corel MediaOne Plus這麼簡單的卻不多見。您還可以為投影片配上背景音樂，以及精確設定投影片的播放速度，最後還能以專用檔案格式儲存投影片。

增加音軌的
設定功能

調整播放速度
的設定功能

儲存為專用
格式的功能

投影片中包
含的圖片

實例教戰－顯示與播放影像

下面將素材資料夾內的相片加入軟體中，然後在「顯示」功能選項把相片製作為投影片，最後以Corel投影片儲存並瀏覽。

播放的圖片 ——

控制按鈕 ——

◎ 練習檔案：..\Example\Ex14\鳥語花香*.*
◎ 成果檔案：..\Example\Ex14\顯示與播放影像_Ok.CorelShow

Step 1　加入檔案－利用「瀏覽更多資料夾」功能，將「鳥語花香」資料夾下的影像加入軟體。

1 單擊「瀏覽更多資料夾」功能

2 選擇「鳥語花香」資料夾

3 單擊「確定」按鈕

Step 2 添加到腳本－切換到「顯示」功能選項，將資料夾內的影像加入投影片的腳本中。

1 切換到「顯示」功能選項頁
2 單擊「鳥語花香」按鈕
3 拖曳選取圖片
4 拖曳圖片到腳本

Step 3 儲存投影片－將投影片以Corel的特定格式儲存下來。

1 單擊「另存為Corel投影片」功能
2 選擇資料夾
3 輸入檔案名稱
4 單擊「存檔」按鈕

14-8

如此，就完成了將相片製作成投影片的工作了，如果將完成的投影片文件燒錄到光碟上，那就可以進一步分享給好友欣賞了；不過在介紹共享影像之前，我們還是先學幾招影像處理的方法吧！

14-3 編修影像

攝影是很講究技巧的，對於一些新手來說，拍攝時的光線、畫面的捕捉是很難掌控的，所以拍出的作品偶有失敗也是難免的；所幸Corel MediaOne Plus中提供了幾種基本的影像編修功能，可以修正常見的光線、角度、色彩等問題；如果要進行細微的修復工作，還可以直接開啟PhotoImpact進階處理。

重點掃描
❀ 快速修復
❀ 去除紅眼

快速修復

對攝影來說，光線是最難掌握的，而且影響所及不僅是影像亮度的問題，還會造成對比、色彩的偏差，但對於入門的使用者來說，要手動修正到完美的結果，是有點難度的，此時可利用「快速修復」一步到位，由軟體一次調整影像亮度、對比、色彩、銳利度等問題。如果累積一些經驗後，可透過「相片修復」功能，逐一細部調整「亮度」、「對比」、「暖度」、「彩度」及「焦點」。

修復前的相片

「快速修復」功能

修復後的相片

實例教戰－編修影像

很多人都喜歡隨時拿起相機拍攝自家寵物的寫真，但是在可愛的畫面中最常出現的一個瑕疵就是「紅眼」問題，因此我們將透過「修復紅眼」功能，還狗狗一雙「明眸」。

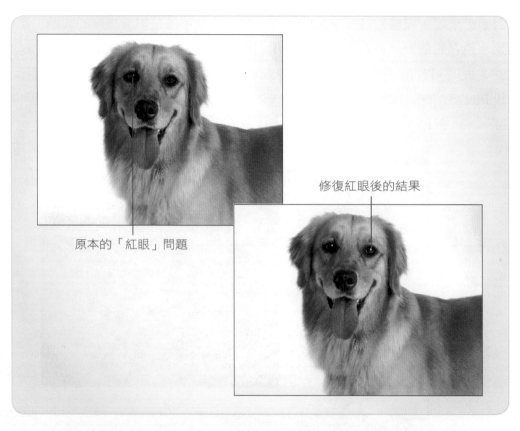

原本的「紅眼」問題

修復紅眼後的結果

◎ 練習檔案：..\Example\Ex14\編修影像.jpg
◎ 成果檔案：..\Example\Ex14\編修影像_Ok.jpg

Step 1
開啟檔案－按下Ctrl+O快速鍵開啟單一影像檔案，或執行「檔案－開啟舊檔－相片」功能。

1 按Ctrl+O快速鍵

2 在檔案所在資料夾雙擊練習檔案

Step 2
移除紅眼－利用軟體內建的「修復紅眼」功能，可以快速的去掉相片紅眼，而您僅需要設定紅眼大小。

1 切換到「增強」功能選項頁

2 單擊「修復紅眼」功能

3 設定紅眼大小為40

4 在眼睛處多次單擊

　這個軟體內建的編修功能不是很多，但是勝在簡單易用，如果您需要更多的編修功能，那麼可以參考本書有關PhotoImpact編修相片的介紹。

14-4 快速製作影像作品

數位相機已達人手一機的盛況，每個人都會拍照，但如果這些攝影作品只是靜態的展示，那實在沒有多大的意義，也無從展現各家創意。在Corel MediaOne Plus中，可以進一步將您的佳作製作為相簿、卡片、行事曆、剪貼簿封面、書籍封面…等實用性高的作品，而且操作方式非常簡單，幾乎用拖曳的方式即可完成。

> 重點掃描
> ＊ 製作行事曆

選取版面

切換到「建立」功能選項，選擇一種專案範本後，會出現放置相片的區域，通常是將影像拖曳到方框中即可；如果對預設的版面配置不滿意，可以透過「調整版面」子選項下的「選取版面」功能變更。

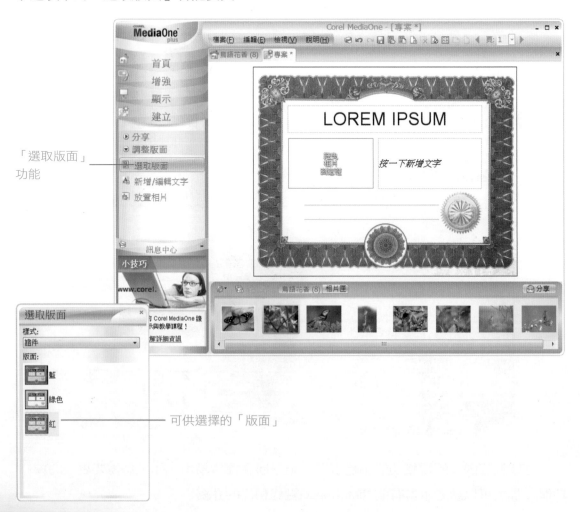

「選取版面」功能

可供選擇的「版面」

實例教戰－快速製作影像作品

在此例中，我們將得意的攝影作品利用軟體內建的專案範本製作行事曆，根據軟體提示，將練習檔案中的影像拖曳至範本，並採用「調整至框架大小」的放置方式，製作自己獨有的行事曆。

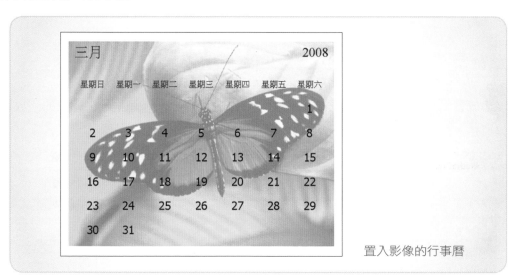

置入影像的行事曆

◎ 練習檔案：..\Example\Ex14\鳥語花香*.*
◎ 成果檔案：..\Example\Ex14\快速製作影像作品_Ok.jpg

Step 1 選擇範本－根據需要選擇專案範本「行事曆」。

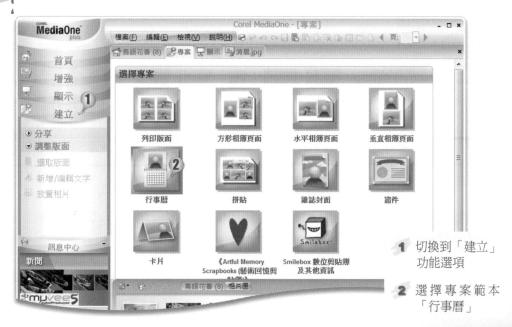

1 切換到「建立」功能選項

2 選擇專案範本「行事曆」

Step 2 選取月和年－預設的時間即為電腦的系統時間，如果不需更改可直接確認。

預設的系統時間

1 單擊「確定」按鈕

Step 3 放置相片－可用拖曳的方法將相片從下方的相片匣拖入範本，在彈出的「放置相片」對話框可更改放置方式。

1 拖曳影像至範本

2 單擊「調整至框架大小」按鈕

製作後的作品可儲存起來，如果想得到與成果檔案一樣的.jpg影像，那麼用「分享」子選項下的「另存影像」功能就可以了。

14-5 分享影像

完成了自覺創意十足的作品，總迫不及待的想要「奇文共賞」，分享給所有親朋好友，您可以燒錄到光碟中分送，也可以利用電子郵件發送，而「列印」輸出影像仍然是目前最常用的分享方式。Corel MediaOne Plus擁有強大的列印功能，其可供選擇的多種版面幾乎可以滿足您的所有需求，下面我們就為您演示列印的操作。

重點掃描
→ 列印相片

每個功能選項都有「分享」子選項，不過只有「首頁」和「建立」這兩個功能選項頁下的「共享」子選項有「列印」功能。

選取影像後單擊「列印」功能，就會彈出「列印」對話框，在該對話框最重要的是選擇「可用版面」，右側的預覽視窗能清晰的顯示每種版面的配置效果，這有助於我們決定選擇什麼樣的「可用版面」。

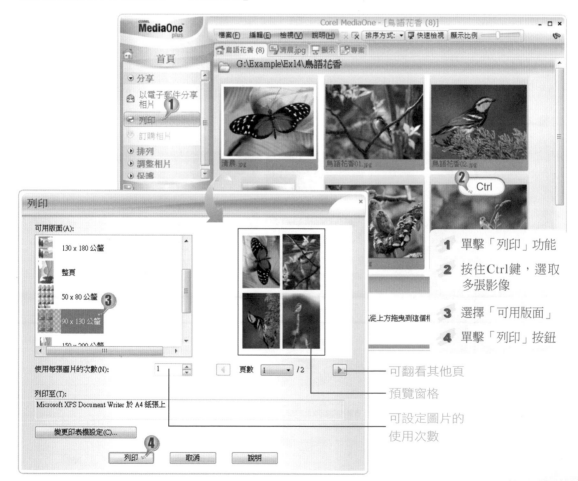

1 單擊「列印」功能

2 按住Ctrl鍵，選取多張影像

3 選擇「可用版面」

4 單擊「列印」按鈕

可翻看其他頁

預覽窗格

可設定圖片的使用次數

不同的版面配置，搭配不同的紙質，可列印成不同的用途；例如將狗狗的相片，選擇「縮圖目錄」的版面配置，用標籤紙列印出來，經過裁切，即可做為貼紙，貼在牠專用的物品上囉！

14-6 保護影像

電腦如果「掛掉」，那麼辛苦搜集的相片也就毀於一旦了，看來採取保護措施還是必要的，而最安全穩妥的保護手段莫過於多做備份了。Corel MediaOne Plus內建了燒錄功能，可以讓我們快速的將影像備份至光碟片，它雖然沒有專業燒錄軟體那麼強大，但應付一般的燒錄需求，已經綽綽有餘了。

> **重點掃描**
> ☞ 燒錄光碟片

在「首頁」功能選項的「保護」子選項中包含兩個功能，分別是「快速光碟」和「備份至光碟」。雖然都是燒錄光碟片，但「快速光碟」是將目前選取的影像燒錄起來，而「備份至光碟」則是將所有沒備份過的影像燒錄到光碟中。

不管是使用哪一種燒錄方式，在燒錄之前，請確認您的燒錄機已經安裝好。

選取了8張相片

「快速光碟」對話框顯示的相片總數

沒有選取圖片，
「快速光碟」功
能不能使用

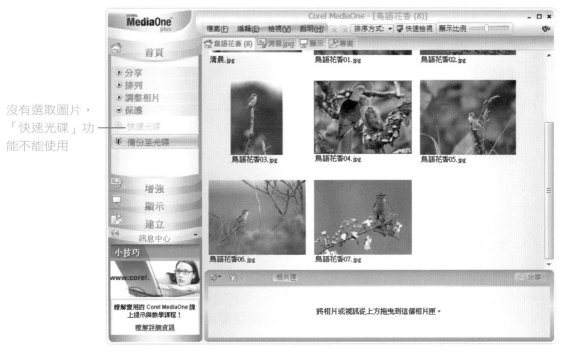

用「備份至光碟」功能
開啟的「PhotoSafe備
份」對話框

將要備份的相片總數

　　根據個人需求，選擇上述兩種燒錄方法之一，單擊對話框中的「燒錄」按鈕就可
以開始了。整個過程不需進行任何的設定，靜靜的等待光碟片燒錄完成後彈出來，就
大功告成了。

學習評量

選擇題

1.(　)　下列關於Corel MediaOne Plus說法錯誤的是？

　　　(A)可快速修復相片　　　　(B)可燒錄DVD

　　　(C)可用範本快速製作月曆　(D)它是Photoshop的附贈軟體。

2.(　)　軟體的介面佈局很新穎，對相片的各種操作，主要由什麼完成？

　　　(A)首頁　(B)子選項　(C)功能　(D)按鈕。

3.(　)　如果要將整個資料夾內的相片一次加入軟體，下列哪一個功能可以做到？

　　　(A)開新檔案　(B)開舊檔案　(C)最近的檔案　(D)瀏覽更多資料夾。

4.(　)　影像編修是需要那麼一點點技術的，而Corel MediaOne Plus提供了一個神奇的功能，只需輕輕單擊即可快速修復相片，此功能是下列選項中的哪一個？

　　　(A)排列　(B)訂購相片　(C)快速修復　(D)裁切。

5.(　)　如果要將相片以不同的版面列印出來，可透過下列哪一個選項選擇不同的版面？

　　　(A)可用版面　(B)頁數　(C)使用相片次數　(D)變更印表機設定。

實作題

牛刀小試－基礎題

1. 搜集了不少名車圖片，現在想將它們列印出來與好友分享。請您以90×130公釐的版面將素材輸出為.xps格式的檔案進行列印。

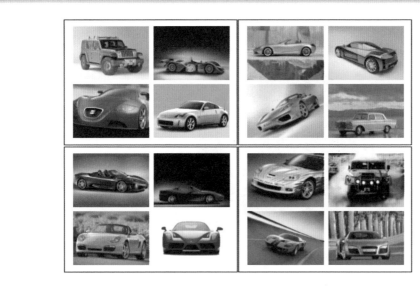

列印成果預覽

◎ 練習檔案：..\Example\Ex14\Practice\分享影像*.*
◎ 成果檔案：..\Example\Ex14\Practice\分享影像_Ok.xps

提示：

a. 將資料夾「分享影像」內的相片加入軟體，然後按Ctrl＋A快速鍵全選相片，執行「首頁－分享－列印」功能。

b. 設定可用版面為90×130公釐，單擊「變更印表機設定」按鈕，將印表機選為虛擬的「Microsoft XPS Document Write」，按精靈提示連續單擊「下一步」按鈕直至完成，單擊「列印」按鈕，最後以預設檔案類型（.xps）儲存。

大顯身手－進階題

1. 朋友的一張相片，想做個最簡單的處理－增加相框，請您利用軟體「新增畫框」功能為相片增加「鏡子」外框。

増加「鏡子」外框後
的影像效果

◎ 練習檔案：..\Example\Ex14\Practice\編修影像.jpg
◎ 成果檔案：..\Example\Ex14\Practice\編修影像_Ok.jpg

提示：

a. 按下Ctrl＋O快速鍵將影像加入軟體。

b. 執行「增強－應用效果－新增畫框」功能，開啟功能對話框。

c. 選擇畫框樣式為「鏡子」，選擇「影像外加框」選項，單擊「確定」按鈕。

d. 使用軟體視窗上方中部的功能按鈕另存影像為成果。

14-20

Corel Painter Essentials 3
相片繪畫風之體驗

15

PhotoImpact X3
實用 教學寶典

15-1 Corel Painter Essentials 3簡介

在Ulead PhotoImpact併入國際知名大廠
Corel公司旗下之後，新版的PhotoImpact X3
附贈了「繪圖大師」家族入門級軟體－Corel
Painter Essentials 3。它提供從繪畫創作到相
片藝術風格處理的完整、強大又易用的魔幻
功能，既能滿足畫家在電腦上繪畫的要求，

也能滿足數位相片發燒友酷愛繪圖風格效果的期待，因此無論是專業人士還是從未接
觸過繪畫的業餘者，皆能使用這款軟體創作出如同大師級的藝術作品。

Corel Painter Essentials 3有何用途

Corel Painter Essentials 3立基於世界上最多設計師和藝術家使用的美工繪圖軟體
Corel Painter IX，它將畫家和數位藝術工作者的工作室合而為一，安置在小小硬碟方
寸之間，讓大家從此可以帶著工作室去旅行，隨時將靈感創意付諸於電腦繪畫中。

◣ 畫家的夢幻工作室

Corel Painter Essentials 3提供種類齊全的筆刷，能夠完全模擬出真實繪畫所見的所
有效果，配合感壓繪圖板，更可讓畫家有如傳統繪畫習慣一樣，輕鬆描繪出精彩絕倫
的藝術作品。

使用Corel Painter
Essentials 3直接繪
製的作品展示

數位相片繪畫風格

數位相機已成為家庭的標準配備，人人都在玩攝影，前面我們學過PhotoImpact中的「快速修片」，主要是修復相片上的各類缺憾，使相片看起來更專業、更完美，之後在學習Corel MediaOne時，介紹利用相片製作多媒體作品的方法，這些在在都讓相片有了豐富的可玩賞性，不過始終沒有脫離相片寫真的範疇，無論怎樣處理，仍會維持在真實細節的尺度內，因此少了一些空靈、飄逸、抽象之類的意境。

這裏要介紹的Corel Painter Essentials 3，則在繪畫之外，另提供了一套強大好用的工具，可將相片快速轉成千姿百態的繪畫風格。當然，關於這類功能，我們可能在使用PhotoImpact的「藝術特效」時有所接觸，比如「印象畫」、「水彩畫」、「卡通」等。不過PhotoImpact所提供的藝術特效只有近20種，而Corel Painter Essentials 3繪畫風格的創作手法完全不同，它給予使用者更多的主控權，樣式上幾乎沒有上限，可以任意調製出無限多種的繪畫風格作品，甚至創造出個人的獨特風格，輕鬆臨摹出各種繪畫效果，化身丹青聖手感受繪畫大師完成傳世傑作時的激動和狂喜。

使用Corel Painter Essentials 3
將相片轉成繪畫風格效果

Corel Painter Essentials 3視窗構成

相對於PhotoImpact來說，Corel Painter Essentials 3的視窗要簡單許多，由於公司之間的合併問題，第一次隨PhotoImpact作為贈品推出，時間上比較倉促，除了歡迎畫面之外，主體介面的製作顯得有些粗糙、不夠人性化，比如工具圖示是黑白的、面板不能隨視窗邊框自動收合，很容易讓初學者產生錯覺，認為這是一款和Windows內建的「小畫家」差不多的「陽春型」繪畫軟體，其實用過之後才發現，在繪畫藝術創作上，它的功能實在比PhotoImpact強上許多，倘若能將這兩套軟體來個雙劍合璧、融會貫通，相信可在影像設計、繪畫藝術兩大領域自在悠遊了。

簡單的視窗中其實有強大的功能

使用這款軟體，有必要從其外表的粗糙深入到其中隱藏的真實底蘊，當認識了每個工具、每塊面板、每個功能的作用之後，手執繪圖筆，選擇合適的筆刷，設定必要的細節，在畫布上盡情創作時，就會感受到它的神奇了。

⚓ 歡迎畫面

打開Corel Painter Essentials 3時會自動跳出精緻的「歡迎畫面」，對於初學者它將是有效的指引，「歡迎畫面」做成畫冊的樣子，總共由「歡迎使用」、「Painter畫廊」、「培訓與教程」、「設定Painter」4個籤頁構成，關閉「歡迎畫面」後可以透過執行「說明－歡迎…」功能再次開啟。

歡迎畫面

歡迎畫面由4個
籤頁構成

先來看看「歡迎使用」籤頁，左邊為隨機展示的一幅繪畫作品，右側提供快速開始的捷徑，例如選擇新增畫布作畫、開啟已有的繪畫作品或相片進行編修創作以及開啟最近使用的文檔、範本等，如果您覺得一切都太陌生而無從下手，可以單擊最下面的「按此處了解更多…」連結文字，跳到「培訓與教程」籤頁快速了解軟體主要功能。

「歡迎使用」籤頁

用於快速開始的捷徑

隨機展示的繪畫作品

按此可瞭解軟體主要功能

新增畫布

開啟舊檔

接下來欣賞一下「Painter畫廊」中大師們透過Corel Painter Essentials 3繪製的作品，其中有些是以傳統手法繪製的，另一些則是透過數位相片轉換而來（會以動畫的方式展示前後對比），這些作品可啟發我們的創作熱情，雖然在繪畫上我們無法與大師相比，甚至完全不懂繪畫，但是透過相片繪畫風格，將相片轉成各種藝術風格的畫作卻是輕而易舉的。

原始相片

轉成繪畫風格

單擊「Painter
畫廊」籤頁上
的按鈕可隨機
切換作品

畫面切換到下一頁

　　欣賞過大師們的作品，在心動不已的同時，是否開始產生了那麼一點點的「野心」，想要瞭解這些精彩的畫作是如何繪製出來的？將相片轉成如此精彩的作品真的會如傳說中的那樣容易嗎？在「培訓和教程」中列舉了十個有代表性的功能，大部分都是和相片繪畫風格有關的，我們也將在後續的教學中實際操作。需要說明的是，除了這十個教程之外，透過執行「說明－說明主題」功能也可以瞭解更多的資訊。

快速入門教程

最後一個籤頁是「設定Painter」籤頁，主要用來設定筆刷的筆跡，這屬於「偏好設定」中的內容，將在稍後介紹。

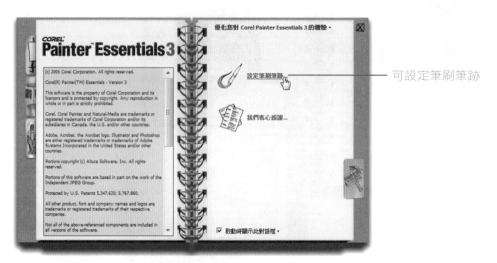

可設定筆刷筆跡

✎ 工作區

Corel Painter Essentials 3工作區和PhotoImpact的配置有些類似，主要由「功能表列」、「屬性列」、「筆刷選取器列」、「工具箱」、「色彩選取方塊和選取器」、「文件視窗」、「面板群組」構成，所有的工作都在這裡展開。

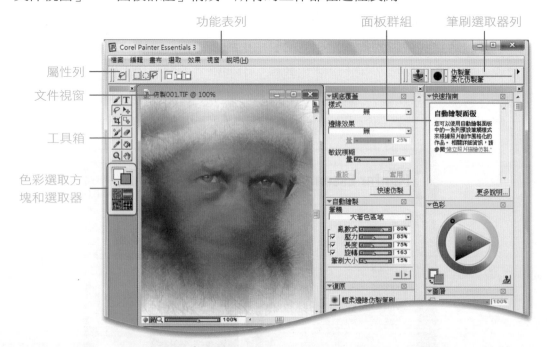

限於篇幅，工作區和PhotoImpact配置類似的地方，這裡就不再另做介紹了，重點介紹一下「選取器」、「筆刷選取器列」和「面板群組」這三個較獨特的面板。

　　「選取器」包括「紙張」、「漸層」、「花紋」、「噴嘴」四類，是色彩選取器的補充，選取這類樣式之後，需要配合使用「仿製色彩」功能才能套用到筆刷效果上，如果不啟用該功能，筆刷將會使用普通「色彩選取器」中的色彩。

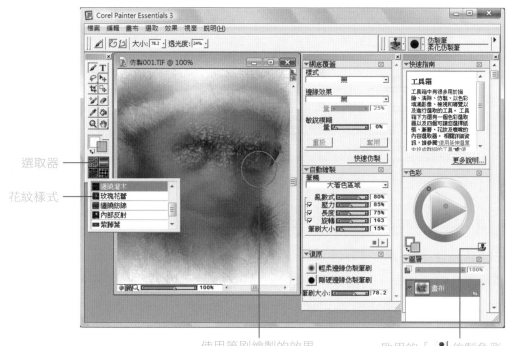

選取器

花紋樣式

使用筆刷繪製的效果　　　　　啟用的「 仿製色彩」功能

　　筆刷的選擇與PhotoImpact有所差異，例如PhotoImpact把所有的筆刷放在工具箱中，但Corel Painter Essentials 3的工具箱中卻只有筆刷而沒有樣式，乍看會讓人誤解，以為只有一種筆刷樣式；其實筆刷樣式獨立放在「筆刷選取器列」中，而且豐富至極，不同的筆刷還有不同的變體，組合起來選擇更多。

筆刷樣式

豐富的仿製筆變體

三個獨特的面板是「網底覆蓋」、「自動繪製」、「復原」面板。「網底覆蓋」面板常用來準備待仿製的影像，對影像進行樣式及效果調整之後，再進行快速仿製；「自動繪製」面板則透過六個參數以及時間長短，從相片仿製成各式各樣的繪畫風格；「復原」面板特別適用於在仿製時局部恢復相片的細節。

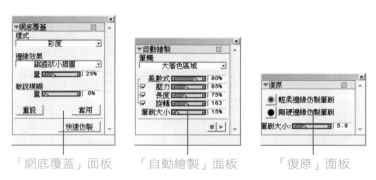

「網底覆蓋」面板　　　「自動繪製」面板　　　「復原」面板

Corel Painter Essentials 3的個人化

Corel Painter Essentials 3是一款進行藝術創作的絕妙軟體，為了讓軟體使用起來更順手、執行更為穩定流暢，可透過「偏好設定」功能做一些必要的個人化設定。Corel Painter Essentials 3的「偏好設定」有三大部分，分別是「一般」、「筆刷筆跡」、「記憶體和剪貼簿」。

在「一般」設定中，可以設定一些常用的元素，如游標的顯示方式、快速仿製的方式、是否顯示警告訊息等，這些設定不會對設計品質產生影響。

「一般」偏好
設定視窗

在「筆刷筆跡」設定中，可以根據您使用繪圖感壓筆的輕重、快慢習慣自動調整，以便日後繪畫時更順手。

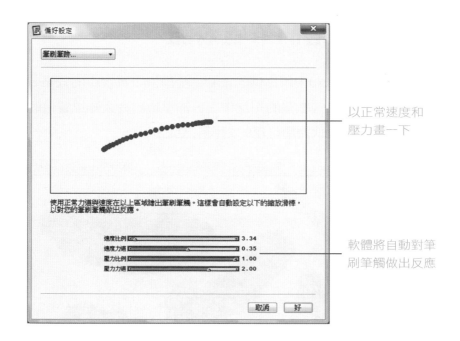

以正常速度和
壓力畫一下

軟體將自動對筆
刷筆觸做出反應

在「記憶體和剪貼簿」設定中，可變更記憶體的使用狀況，通常可以使用預設值80%，然而暫存磁碟的調整則更為重要，因為在繪圖時常常會產生較大的暫存檔案，所以將暫存磁碟設在閒置空間最大的磁碟中會較有保障，否則可能出現繪製到一半時提示磁碟空間不足而導致繪畫中斷的狀況。

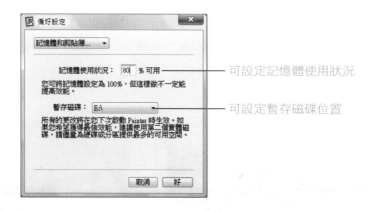

可設定記憶體使用狀況

可設定暫存磁碟位置

透過以上的介紹，相信您對於Corel Painter Essentials 3軟體已經有了一個大致的瞭解。不過，在您躍躍欲試之前，要特別介紹一下Corel Painter Essentials 3為人稱道的筆刷效能，好讓您更有效率地使用這款軟體。

15-2 難以置信的筆刷效能

Corel Painter Essentials 3中所提供的筆刷完全模擬了真實中的效果，不論是色彩、透光度、紋路，還是顏料、紙張的相互作用，都呈現出令人難以置信的真實，使用它繪製出來的作品沒有一般軟體所呈現的刻板生硬之感。

以畫家油畫筆刷繪製

以噴槍繪製

以影像水管繪製

以另一種材質的噴槍繪製

以藝術家筆刷繪製

各種筆刷的參數都有一個預設值，這些預設值是符合真實繪畫方式的，但我們可以自由設定筆刷參數和細節，讓筆刷更符合實際的繪畫需求，繪製出既有風格又有質感的作品。

原始相片

調整筆刷參數後仿製的繪畫效果

　　理論上來說，使用筆刷進行傳統意義上的繪畫創作時，需要配合感壓式繪圖板，這樣才能繪製出真實的筆觸，包括下筆的輕重、轉角等，皆能像使用真實的畫筆在畫布上繪圖一樣。對於沒有感壓筆的人而言，Corel Painter Essentials 3也提供了筆刷大小、透光度、紋路等參數，可以讓滑鼠模擬感壓筆的壓力效果，當然，這種模擬效果的靈活度有限。

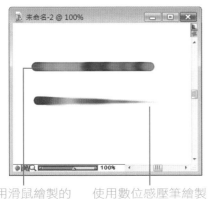

使用滑鼠繪製的　　使用數位感壓筆繪製　　　　　繪圖板、感壓筆與滑鼠
線條變化較少　　　　的效果非常細膩豐富

　　如果沒有繪畫基礎，僅僅想玩一下相片繪畫風格，可以不用大張旗鼓的使用繪圖板，只要對「自動繪製」中模擬的筆觸多加瞭解即可。其方法也很簡單，模擬筆觸不過十九種，使用「自動繪製」逐一嘗試就可看到效果了，其中筆觸中的「亂數式」、「壓力」、「長度」、「旋轉」、「筆刷大小」等參數可以對筆觸加以改造，但與繪圖板無關。

設定筆觸後讓
軟體自動繪製
仿印象派作品

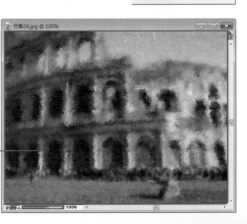

原相片

仿製效果

透過上面的介紹，瞭解筆刷的相關知識後，光說不練可能體會不深，下面就開始實際的操作一番。

15-3　將相片轉成繪畫風格

Corel Painter Essentials 3提供了一個快速功能，將準備相片素材的許多步驟操作簡化為一步，便於後續將相片轉成各種繪畫風格的作品，這一個步驟是相片繪畫風格的起點，也是必經之途。

快速仿製

「快速仿製」功能位於「檔案」功能表和「網底覆蓋」面板上，要瞭解「快速仿製」功能的意義，需要從兩個方面加以認識：其一，這種仿製會建立一個半透明有描圖紙效果的空白畫布，如果有深厚的美術功底，可以使用各種筆刷依照描圖紙後的影像進行繪製，而在繪畫時可以隨時關閉「描圖紙」（快速鍵為Ctrl+T）以檢視實際繪製的效果；其二，如果配合「 🖼 仿製色彩」功能，在「快速仿製」畫布上描繪時，可以從相片素材的對應位置取色，如此，即使不具備繪畫素養，也可以有模有樣地繪製出各種風格的繪畫，其易用性甚至可以簡化為一筆！

原始影像

快速仿製

啟用的「 🖼 仿製色彩」功能

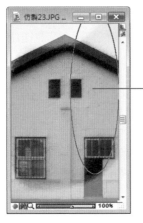

用筆刷在畫布上
塗抹

關閉描圖紙或原
始影像後的效果

實例教戰－相片繪畫風格

本例將使用「快速仿製」功能快速準備一個帶描圖紙的空白畫布，然後使用筆刷
在畫布上描圖，藉此認識「快速仿製」功能的用途。

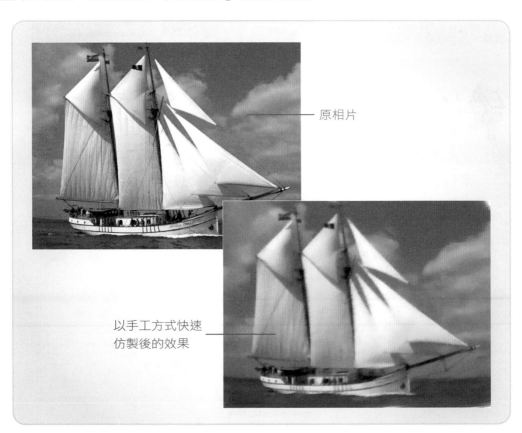

原相片

以手工方式快速
仿製後的效果

◎ 練習檔案：..\Example\Ex15\相片繪畫風.jpg
◎ 成果檔案：..\Example\Ex15\相片繪畫風_Ok.rif、相片繪畫風_Ok.jpg

Step 1

準備仿製－透過「快速仿製」功能建立含描圖紙的新畫布，以便後續進行徒手或自動仿製作業。

1 開啟「相片繪畫風.jpg」練習檔案

2 單擊「快速仿製」按鈕

小叮嚀

由於在偏好設定中預設勾選了進行「自動仿製」時「轉換到仿製筆刷」這一核取項，因此在每次建立「自動仿製」時，筆刷都會自動切換到「仿製筆－鬃毛油性仿製筆」這一類別，如果覺得這樣會打亂自己的筆刷設定，可以取消勾選該核取項。

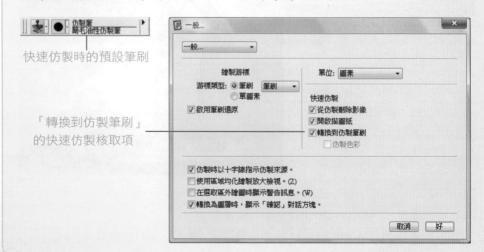

快速仿製時的預設筆刷

「轉換到仿製筆刷」的快速仿製核取項

Step 2 設定筆刷－選擇一種筆刷，並設定較大的筆刷大小和透光度，以便後續手動仿製。

1 單擊「筆刷變體」右邊的「 ‧ 箭號」

2 選擇「駝毛油性仿製筆」

3 設定大小為「100」、透光度為「79%」

 小叮嚀

透過上面的「快速仿製」功能，所看到的似乎只是一張調整透明度後的相片，難道這就是「快速仿製」？繪畫風格表現在哪裡？其實，正確的解釋應該是，該功能是提供一個便利之門，為我們先做好仿製前的準備工作，鋪好描圖紙和新的畫布，好進行後續快速仿製的作業，大家不妨看看透過「快速仿製」所新建的檔案，圖層縮圖上是沒有影像內容的。

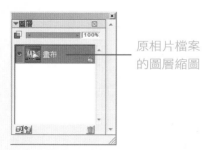
原相片檔案的圖層縮圖

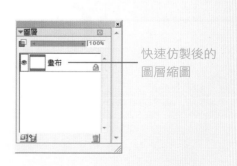
快速仿製後的圖層縮圖

Step 3 手工仿製－隱藏描圖紙後，在畫布上或快或慢的拖曳進行塗鴉。

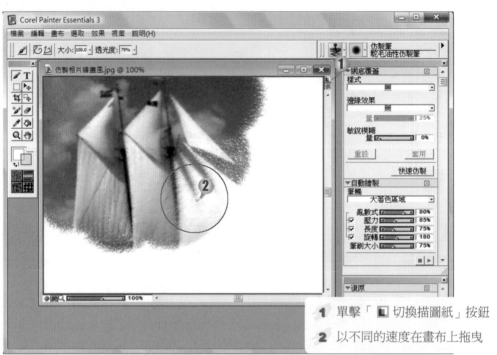

① 單擊「▣ 切換描圖紙」按鈕

② 以不同的速度在畫布上拖曳

小叮嚀

上面之所以拖曳就能夠仿製影像，是因為使用了「仿製色彩」功能，在這裡，真正的畫家通常不會如此作畫，而是會自己從色盤中挑選色彩，並使用大小合適的筆刷參照原相片來進行純手工繪製。我們在仿製時對筆刷如何取捨，可根據實際情況而定。

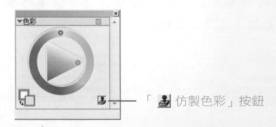

「 🖌 仿製色彩」按鈕

Step 4 繪製直線筆觸－為了讓畫面中的背景部分抽象一點，可以使用直線筆觸描繪，然後再做細部處理。

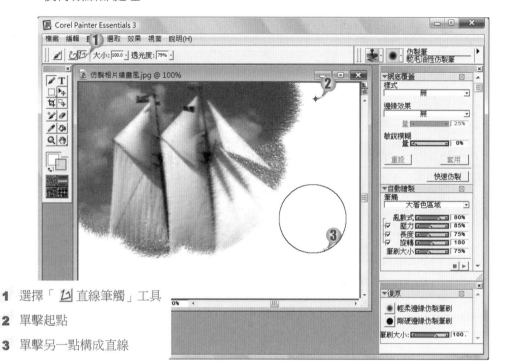

1 選擇「直線筆觸」工具
2 單擊起點
3 單擊另一點構成直線

Step 5 局部修飾－改回徒手畫筆觸，對需要突出效果的部分使用點畫處理。

1 選擇「徒手畫筆觸」工具
2 局部拖曳
3 隨意點畫其他位置

Step 6 調整效果－換小一點的筆刷進行修飾，然後使整個影像產生模糊效果。

1 變更筆觸大小為「48.2」

2 拖曳修飾效果

3 調整敏銳模糊為「31%」

Step 7 儲存檔案－以專屬的格式儲存檔案便於後續編輯。

1 按下Ctrl+S快速鍵

2 選擇儲存檔案的位置

3 設定存檔類型

4 設定檔案名稱

5 單擊「存檔」按鈕

　　透過上面的操作過程，我們應已瞭解仿製繪畫的基本流程；本節的重點在於認識「快速仿製」功能，而對於筆刷更深入的使用方法與技巧，將會在以下的章節中為各位介紹。

15-4 網底覆蓋製作小插圖

在使用「快速仿製」功能之前，所準備的相片可能需要做一些效果上的調整，以便於仿製時更有繪畫參考價值，在Corel Painter Essentials 3中可以使用「網底覆蓋」面板來進行此類準備工作。

「網底覆蓋」面板

「網底覆蓋」面板主要是對相片進行一些效果上的調整，比如去除相片彩度、套用小插圖樣式、調整敏銳模糊等，使之接近於將在繪畫中表現的效果，以利仿製作畫時更有參考性價值。

原始相片

調整樣式後的效果

套用小插圖邊緣效果

增加敏銳模糊後的效果

網底覆蓋面板中的參數

套用後可繼續調整敏銳模糊

最終的目的在於快速仿製

「網底覆蓋」面板對於利用自動功能製作相片繪畫風格的使用者幫助很大，比如小插圖樣式，在PhotoImpact中我們雖然可以使用套用遮罩完成，卻很難隨意調整邊緣的筆刷和筆觸效果；但在Corel Painter Essentials 3中，可先套用小插圖樣式後，再以任意調配的筆刷和筆觸進行仿製，獲得PhotoImpact難以達成的小插圖效果。

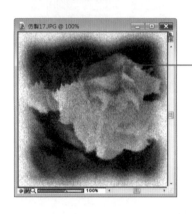

秀拉筆刷筆觸仿製的邊緣效果

鉛筆的筆觸仿製邊緣效果

實例教戰－鋸齒狀小插圖

本例將對相片素材進行色彩樣式、邊緣效果、敏銳模糊的調整，使相片在仿製繪畫上更有參照價值。

調整網底覆蓋參數後的效果

原相片

◎ 練習檔案：..\Example\Ex15\網底覆蓋.jpg
◎ 成果檔案：..\Example\Ex15\網底覆蓋_Ok.rif、網底覆蓋_Ok.jpg

Step 1 調整色彩模式－透過調整色彩中的彩度，使畫面更鮮豔。

調整後的畫面更鮮豔

1 開啟「網底覆蓋.jpg」練習檔案

2 變更「網底覆蓋」面板中的樣
式為「彩度」

Step 2
製作小插圖－為相片套用一個邊緣效果，然後透過模糊使之更趨近於繪畫效果。

1 設定邊緣效果為「鋸齒狀小插圖」

2 設定量為「30%」

3 設定敏銳模糊量為「100%」

4 單擊「套用」按鈕

Step 3
進一步模糊－在上一步驟設定的基礎上，進一步模糊影像。

1 調整敏銳模糊為「89%」

2 單擊「套用」按鈕

　　進行上面的操作後，可以接著進行「快速仿製」，對於仿製後的作品，也可以套用「網底覆蓋」效果。

15-5 讓軟體自動完成繪畫

之所以說Corel Painter Essentials 3能夠讓任何人輕鬆玩轉相片繪畫風格，重點就在於它有一個強大的「自動繪製」功能，前面兩節所學的功能其實都是在為自動繪畫做準備，這一節就來學習如何使用Corel Painter Essentials 3中一個功能強大又易用的面板，將無數種風姿綽約的繪畫效果一筆一筆自動繪製完成。

自動繪製

「自動繪製」功能是透過設定好的一系列參數進行的，它可以模擬筆刷的壓力，使得筆觸如同真實繪畫效果一般，而為了減少機械作畫常見的刻板效果，還加入了「亂數式」參數，使得畫面更為活潑。它有兩個按鈕可以控制開始到結束的時間，此外，也可以在建立特定的選取區後對其進行自動繪製操作。「自動繪製」必須與筆刷的參數及「 仿製色彩」工具進行配合，才能達到適當的效果。

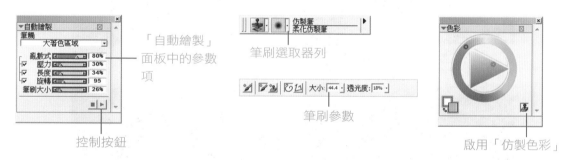

「自動繪製」面板中的參數項

控制按鈕

筆刷選取器列

筆刷參數

啟用「仿製色彩」

透過上面各種工具和功能的配合，可以得到最人性化的繪圖體驗，在繪畫期間，軟體會模擬真實環境在畫布上繪製，動態地展示完整的繪畫過程，也可以在繪製過程中隨時停止，變更設定後再繼續繪製，或復原後重新繪製。

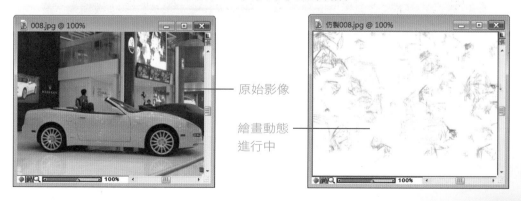

原始影像

繪畫動態進行中

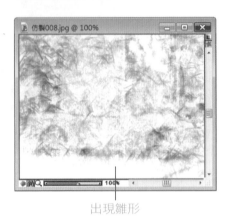 

出現雛形　　　　　　　　自動繪製完成

實例教戰－自動繪製

本例將利用「自動繪製」面板，快速地將一張相片轉換成繪畫作品，藉此瞭解「自動繪製」的作用。

相片　　　　　　　　　　自動繪製的成果

◎ 練習檔案：..\Example\Ex15\自動繪製.jpg
◎ 成果檔案：..\Example\Ex15\自動繪製_Ok.rif、自動繪製_Ok.jpg

Step 1
準備相片－如果有需要，可先對仿製的相片稍作處理。

1 開啟「自動繪製.jpg」練習檔案
2 變更樣式為「濃色」
3 變更敏銳模糊量為「50%」
4 單擊「快速仿製」按鈕

Step 2
開始仿製－將繪圖紙隱藏起來，設定合適的筆刷筆觸進行自動繪製。

1 單擊「切換描圖紙」按鈕隱藏描圖紙

2 筆刷選擇預設的「仿製筆－鬃毛油性仿製筆」

3 設定筆刷大小為「2.2」、透光度為「48%」

4 設定筆觸為「對角線」

5 設定亂數式為「80％」、壓力為「72％」、長度為「26％」、旋轉為「115」、筆刷大小為「34％」

6 單擊「開始繪製」按鈕

確認已啟用「仿製色彩」功能

Step 3 停止繪製－繪製到一定程度時，如果覺得已達到滿意的效果，可以馬上停止繪製。

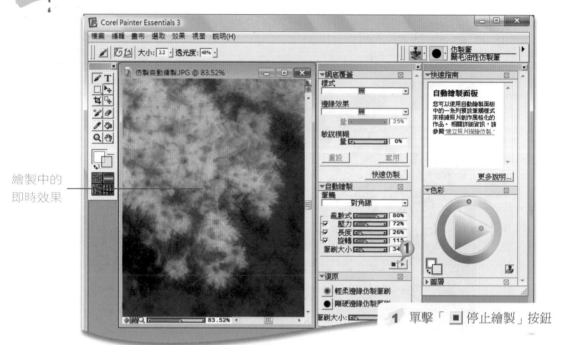

繪製中的
即時效果

1 單擊「■停止繪製」按鈕

Step 4 繼續繪製－如覺得效果差強人意，可復原後換用另外的筆觸或筆刷繪製，也可在此基礎上繼續繪製。

完成繪製
的效果

1 變更筆刷透光度為「88%」

2 變更筆觸為「旋渦形」

3 變更長度為「19%」、筆刷大小為「26%」

4 單擊「▶開始繪製」按鈕

5 單擊「■停止繪製」按鈕

「自動繪製」是相片繪畫風格中的核心功能，靈活運用此功能，將可以從相片仿製出品質極佳且風格各異的繪畫作品。本節中我們僅僅使用了一種筆刷進行自動繪製，在後續範例中，將會介紹使用其他筆刷來繪畫。

15-6 從肖像畫中恢復細節

一般來說，繪畫作品在展現細節方面不像相片那樣處處細緻，而是包含著畫家的主觀感受，何處細緻刻劃，何處一筆帶過；因此在使用各種筆刷的筆觸仿照相片進行自動繪製時，軟體勢必無法判斷這些因素，因而畫面上呈現的筆法看起來就會比較平淡。為了解決這個「主題不夠突出」的問題，Corel Painter Essentials 3提供了「復原」面板，讓使用者自由恢復仿製畫中的細節；比如，在仿製肖像時，可以用它恢復人物眼睛的細節，以強化主題，不過，這種復原是以犧牲局部的繪畫效果作為代價的。

> **重點掃描**
> ✿ 瞭解復原面板的作用
> ✿ 使用復原面板復原眼睛的細節

「復原」面板

「復原」面板中有兩個筆刷，分別是「輕柔邊緣仿製筆刷」和「剛硬邊緣仿製筆刷」，前者多用於自然地修飾仿製中的繪畫效果，後者則是非常強烈的效果。

仿製的畫

復原面板中的兩種筆刷

筆刷的透光度等參數

使用「輕柔邊緣仿製筆刷」處理人物的效果

使用「剛硬邊緣仿製筆刷」處理車頭的效果

實例教戰－恢復雙眼神采

本例將以粉彩筆從相片仿製出粉彩肖像畫，然後透過輕柔邊緣仿製筆刷恢復雙眼的細節，使畫面更有層次感。

原相片　　　　　　　恢復眼睛的細節　　　仿製效果

◎ 練習檔案：..\Example\Ex15\恢復細節.jpg
◎ 成果檔案：..\Example\Ex15\恢復細節_Ok.rif、恢復細節_Ok.jpg

Step 1 快速仿製－從相片建立快速仿製，準備進行自動繪製。

1 開啟「恢復細節.jpg」練習檔案

2 單擊「快速仿製」按鈕

3 單擊「 切換描圖紙」按鈕

Step 2 自動繪製－設定筆刷、筆觸,然後自動繪製畫面。

1 選擇「 粉彩筆」筆刷

2 選擇「尖銳粉彩筆」變體

3 啟用「 仿製色彩」功能

4 設定大小為「8」、透光度為「100%」、紋路為「50%」

5 設定筆觸為「細線」

6 設定亂數式為「72%」、壓力為「85%」、長度為「10%」、旋轉為「180」、筆刷大小為「75%」

7 單擊「 ▶ 開始繪製」按鈕

Step 3 恢復細節－保持整體的繪畫風格,局部恢復眼睛的細節,使得畫面更有層次感。

1 單擊「 輕柔邊緣仿製筆刷」按鈕

2 變更大小為「15」、透光度為「40%」

3 在人物眼睛上拖曳

接下頁

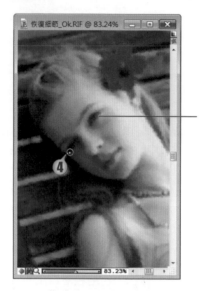

恢復細節的眼睛

4 再在另一隻眼睛上拖曳

　　恢復細節可以彌補自動繪製所產生的著色效果過於平淡的問題，進而讓畫面產生深淺、濃淡、明暗不一的效果，增強畫面層次感。

15-7　仿製藝術家風格

　　每位大師級的藝術家，都會有自己獨特的風格，越是有風格的作品，也就越容易抓住其特徵加以仿製，Corel Painter Essentials 3提供了三種藝術家風格的筆刷，分別是「印象派」、「自動梵谷」、「秀拉」，下面我們以「秀拉」為例，體驗藝術家風格的仿製功能。

> **重點掃描**
> ✤ 瞭解藝術家筆刷
> ✤ 使用秀拉筆刷處理相片

藝術家

　　藝術家筆刷包括「印象派」、「自動梵谷」、「秀拉」三種，前兩種世人皆知，「秀拉」則是法國「新印象派」的代表人物。這三種藝術家風格所使用的筆觸都比較特殊，效果顯著，當然，仿得的也僅僅是皮毛，有些細節性的地方，必須具備同樣的功力才能夠真正模仿到家。但對於單純玩相片繪畫風格來說，這類筆刷還是很炫的。

素材相片   仿製秀拉的新印象派風格

實例教戰－仿製藝術家風格

本例將使用藝術家「秀拉」的筆刷筆觸，從相片建立「秀拉」風格的繪畫，感受藝術家筆刷的炫麗效果。

原相片

仿「秀拉」風格的效果

◎ 練習檔案：..\Example\Ex15\藝術家風格.jpg
◎ 成果檔案：..\Example\Ex15\藝術家風格_Ok.rif、藝術家風格_Ok.jpg

Step 1 　快速仿製－開啟練習檔案，然後快速仿製。

② 檔案－快速仿製

1 開啟「藝術家風格.jpg」練習檔案

2 執行「檔案－快速仿製」功能

Step 2 　仿製秀拉風格－使用「秀拉」風格的筆刷進行自動繪製，產生秀拉風格的繪畫效果。

完成的效果

1 選擇「 藝術家」筆刷

2 選擇「秀拉」變體

3 設定大小為「6.0」

4 啟用「 仿製色彩」功能

5 選擇筆觸為「細線」

6 設定亂數式為「64%」、壓力為「53%」、長度為「0%」、旋轉為「180」、筆刷大小為「75%」

7 按下Ctrl+T快速鍵隱藏描圖紙

8 單擊「 開始繪製」按鈕

藝術家筆刷簡單易用，可惜只有三種，似乎不夠豐富，希望下一版本能夠多增加一些這樣的筆刷變體。

15-8　非同凡響的油畫體驗

Corel Painter Essentials 3的「畫家油畫」筆刷效果足夠滿足油畫大師的需求，能讓畫家一筆筆繪製出精彩作品；若將這種筆刷效果用於相片繪畫風格，做一個「冒牌」的油畫大師，向朋友秀一秀成果，一定讓對方大為驚豔。

┌─────────────────────────┐
重點掃描
✤ 瞭解「畫家油畫」筆刷
✤ 使用「畫家油畫」筆刷變體
└─────────────────────────┘

「畫家油畫」筆刷

「畫家油畫」筆刷包括「厚塗彩料」、「厚塗彩料調色刀」、「紋路變乾筆刷」、「塗抹筆刷」、「濕油性筆刷」五種筆刷變體其完全模擬真實效果，無論是作畫還是自動繪製，都需要互相搭配使用才能得到最佳的效果。

原相片

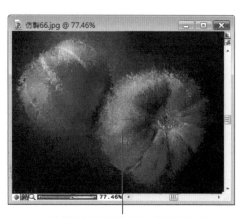

自動繪製的畫家油畫效果

實例教戰－畫家油畫

本例將使用「畫家油畫」筆刷的三種變體，透過自動繪製功能，仿製畫家油畫效果的作品，瞭解搭配使用這幾種筆刷變體的方法。

原相片

油畫效果

◎ 練習檔案：..\Example\Ex15\油畫體驗.jpg
◎ 成果檔案：..\Example\Ex15\油畫體驗_Ok.rif、油畫體驗_Ok.jpg

Step 1 使用「紋路變乾筆刷」變體－快速仿製後，使用「紋路變乾筆刷」變體自動繪製大致的雛形。

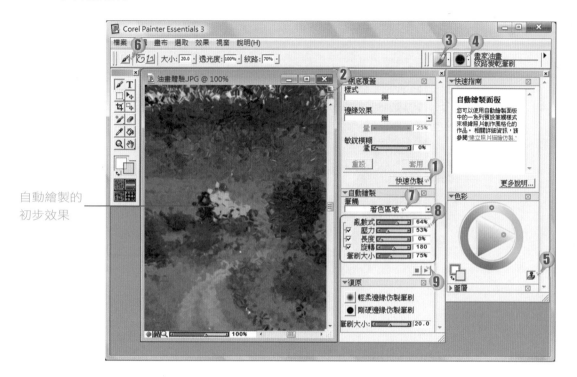

自動繪製的初步效果

1 單擊「快速仿製」按鈕

2 單擊「 切換描圖紙」按鈕

3 選擇「 畫家油畫」筆刷

4 選擇「紋路變乾筆刷」變體

5 啟用「 仿製色彩」功能

6 單擊「 重設工具」按鈕

7 選擇筆觸為「著色區域」

8 設定亂數式為「64%」、壓力為「53%」、長度為「0%」、旋轉為「180」、筆刷大小為「75%」

9 單擊「 開始繪製」按鈕

Step 2
使用「塗抹筆刷」變體－用「塗抹筆刷」變體將紋路變細，使畫面呈現細膩的效果。

畫面逐漸變細膩

1. 單擊「■ 停止繪製」按鈕
2. 改選「塗抹筆刷」變體
3. 變更大小為「3.1」
4. 單擊「▶ 開始繪製」按鈕

Step 3
使用「濕油性筆刷」變體－以「濕油性筆刷」變體讓塗料變濕，增加融合度，凸顯油畫的特徵。

畫面逐漸融合

1. 單擊「■ 停止繪製」按鈕
2. 改選「濕油性筆刷」變體
3. 變更大小為「7.5」
4. 單擊「▶ 開始繪製」按鈕

綜合使用多種「畫家油畫」筆刷，快速仿製油畫不再是難事了，上面繪畫時使用的是「著色區域」筆觸，若換一種筆觸，將可得到另一種截然不同的效果。

15-9 將相片轉成水彩畫

若想要從相片仿製色彩鮮豔明快的水彩畫，「數位水彩」筆刷是不錯的選擇，「數位水彩」筆刷的效果在前一版的基礎上做了很大改進，繪畫的感覺也更為真實。

「數位水彩」筆刷

「數位水彩」筆刷提供了8種筆刷變體，其特色是使水彩顏料在工作中保持濕潤，可與畫布材質產生作用，其中的「微濕橡皮擦」專用於擦出水彩顏料，對於在搭配其他類筆刷作畫時擦除水彩很有用。

「數位水彩」筆刷的各種筆刷變體

筆刷效果

素材相片

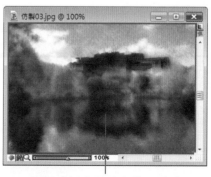

使用「新式單純水筆」變體自動繪製後的效果

實例教戰－水彩畫

本例將使用「數位水彩」筆刷中的「新式單純水彩」變體從相片繪製水彩畫，體驗「數位水彩」筆刷的效果。

原相片

水彩畫效果

◎ 練習檔案：..\Example\Ex15\相片轉水彩畫.jpg

◎ 成果檔案：..\Example\Ex15\相片轉水彩畫_Ok.rif、相片轉水彩畫_Ok.jpg

 Step 1 快速仿製－建立快速仿製文件，準備使用水彩畫筆刷進行仿製。

1 單擊「快速仿製」按鈕

2 單擊「 切換描圖紙」按鈕

Step 2 仿製水彩畫－使用「數位水彩」筆刷中的一種筆刷變體進行仿製，獲得水彩畫效果。

自動繪製的效果

1 選擇「 ✎ 數位水彩」筆刷

2 選擇「新式單純水筆」變體

3 設定筆刷大小為「10」、透光度為「48%」、紋路為「100%」

4 選擇筆觸為「Z字形」

5 設定亂數式為「39%」、壓力為「69%」、長度為「5%」、旋轉為「102」、筆刷大小為「38%」

6 啟用「 ✎ 仿製色彩」功能

7 單擊「 ▶ 開始繪製」按鈕

8 單擊「 ■ 停止繪製」按鈕

　　上面只是使用了一種筆刷，如果對繪製水彩畫的技法有所了解，可以按照繪畫的習慣，使用多種筆刷進行對應的操作，以便得到更為真實的水彩畫效果。

15-10 　自動仿製梵谷畫風

前面學習仿製藝術家風格的時候，已經接觸過「印象派」、「自動梵谷」、「秀拉」等藝術家風格，那時是使用「自動繪製」功能，繪畫時間需要自己掌握，要恰到好處也許有點麻煩，所以軟體另外提供了簡化後的特效，也就是功能表列中的「效果－神秘特效－自動梵谷」。

自動梵谷

「自動梵谷」功能需要先從「筆刷選取器列」選取「藝術家」筆刷中的任意一種，然後執行「效果－神秘特效－自動梵谷」功能以套用特效，雖然操作簡化了，但也不是甚麼都不能設定，我們可以在「屬性列」中先設定筆刷的「大小」和「透光度」，在執行功能之後，還可以再次執行以加深色彩功能。此外，「自動繪製」面板中的設定對此特效並無影響。

原相片　　　　　　　　　　　套用「自動梵谷」特效後的效果

實例教戰－自動梵谷風

本例將套用藝術家的神祕特效，自動仿製出梵谷風格的繪畫，掌握使用神祕特效的方法。

————— 原相片

————— 梵谷風

◎ 練習檔案：..\Example\Ex15\神秘特效.jpg
◎ 成果檔案：..\Example\Ex15\神秘特效_Ok.rif、神秘特效_Ok.jpg

Step 1

快速仿製－建立快速仿製文件，準備使用梵谷效果進行仿製。

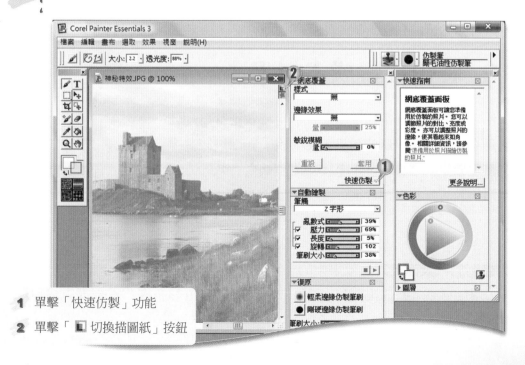

1 單擊「快速仿製」功能
2 單擊「■ 切換描圖紙」按鈕

Step 2 自動梵谷—利用神秘特效讓軟體自動繪製完成梵谷效果。

自動梵谷
後的效果

1 選擇「 藝術家」筆刷

2 選擇「自動梵谷」變體

3 設定大小為「10」、透光度為「100%」

4 執行「效果—神秘特效—自動梵谷」功能

　　自動梵谷實際上是更簡化的自動繪製，如果對繪製的效果不滿意，也可以使用
「自動繪製」面板自訂繪製的時間、筆觸等參數後進行繪製。

15-11　將相片轉成木刻畫

　　除了使用自訂筆刷進行自動繪製或套用特效進行自動梵谷之外，還有不需自訂筆刷的效果，比如說「表面控制」中的「木刻畫」效果，這和PhotoImpact中處理藝術特效的方式相似，無需仿製，直接對相片進行處理即可。

....
重點掃描
❀ 認識木刻畫效果
❀ 套用木刻畫效果
....

木刻畫

　　木刻畫屬於「表面控制」效果中的一種，直接套用於相片即可，輸出時可以選擇是否輸出黑色和彩色，如果輸出彩色，還可以自訂色彩多寡。木刻畫有5種樣式可供套用。

原相片

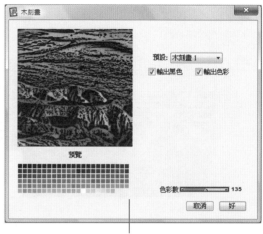

「木刻畫」對話方塊

套用後的效果

實例教戰－相片轉木刻畫

本例將套用「效果」中的「表面控制－木刻畫」功能，將一張相片轉換成木刻畫效果，熟悉「表面控制」特效。

原相片

轉成木刻畫的效果

◎ 練習檔案：..\Example\Ex15\相片轉木刻畫.jpg
◎ 成果檔案：..\Example\Ex15\相片轉木刻畫_Ok.rif、相片轉木刻畫_Ok.jpg

Step 1　選擇木刻畫效果－直接透過功能表列執行相關功能，開啟「木刻畫」設定視窗。

1 開啟「相片轉木刻畫.jpg」練習檔案

2 執行「效果－表面控制－木刻畫」功能

Step 2 設定參數－透過設定參數將相片變成木刻畫效果。

1 選擇「木刻畫3」選項
2 取消勾選「輸出色彩」核取項
3 單擊「好」按鈕

　　將相片變成木刻畫十分簡單，同樣是直接套用功能，也不需太多參數設定，但得到的效果卻頗具水準。

15-12　善用各種橡皮擦功能

　　在各種影像設計軟體中，「橡皮擦」工具常常容易被使用者忽略，因為通常在使用各種標準工具進行設計後，如果發現不夠美觀或效果不好，就直接復原重來；然而在繪畫軟體中，卻沒有提供太多的復原步驟，因為繪畫的不確定因素很多，有時候

重點掃描
✤ 瞭解橡皮擦的種類
✤ 瞭解微濕橡皮擦
✤ 使用各種橡皮擦修飾繪畫

一筆下去，可能形狀、角度都剛好，就是多了一點點色彩，重新來過也不一定會更好，徒然浪費時間，那就不要復原了，直接使用橡皮擦來修飾吧！

橡皮擦

　　「橡皮擦」工具分為普通橡皮擦和專屬橡皮擦。普通橡皮擦將不加區分地擦除所塗抹位置的所有色彩，專屬橡皮擦只會擦除特定筆刷的色彩，如「數位水彩」筆刷中的「微濕橡皮擦」。使用橡皮擦的時候，筆刷大小、透光度、柔邊程度都很重要，如果調整不好，擦除的效果將很生硬。

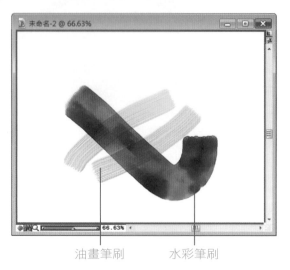

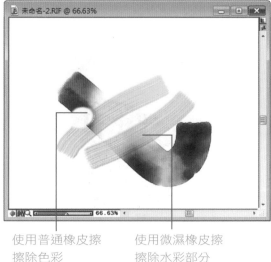

油畫筆刷　　水彩筆刷　　使用普通橡皮擦　　使用微濕橡皮擦
　　　　　　　　　　　擦除色彩　　　　　擦除水彩部分

實例教戰－善用各種橡皮擦

　　本例將使用兩種橡皮擦對仿製的繪畫作品進行局部處理，使畫面明暗、色彩深淺
表現上更有層次。

原相片

用橡皮擦潤
飾後的效果

◎ 練習檔案：..\Example\Ex15\善用橡皮擦.jpg
◎ 成果檔案：..\Example\Ex15\善用橡皮擦_Ok.rif、善用橡皮擦_Ok.jpg

Step 1

快速仿製－建立快速仿製文件，準備使用「水彩畫」筆刷進行仿製。

1 單擊「快速仿製」按鈕

2 單擊「▣ 切換描圖紙」按鈕

Step 2

繪製水彩畫－透過「自動繪製」功能繪製水彩畫。

自動繪製
的效果

1 選擇「▨ 數位水彩」筆刷

2 選擇「新式單純水筆」變體

3 設定大小為「2.0」、透光度為「48%」、紋路為「50%」

4 設定筆觸為「大著色區域」

5 設定亂數式為「43%」、壓力為「83%」、長度為「42%」、旋轉為「143」、筆刷大小為「60%」

6 啟用「▣ 仿製色彩」功能

7 單擊「▶ 開始繪製」按鈕

8 單擊「■ 停止繪製」按鈕

Step 3 使用「微濕橡皮擦」變體－使用「微濕橡皮擦」變體，讓被擦除的色彩部分有微濕的效果。

1 選擇「微濕橡皮擦」變體

2 設定大小為「100」、透光度為「10%」

3 在樹梢位置拖曳一下

Step 4 使用橡皮擦－擦除欄杆和檯面反光較強的部位，使之具備高光效果。

1 選擇「✐ 橡皮擦」筆刷

2 選擇「橡皮擦」變體

3 設定大小為「25」、透光度為「5%」

4 沿著欄杆拖曳

5 在檯面上較亮的部位單擊

為解決自動繪製所造成的畫面色彩平均化的問題，可使用上面所用到的幾種橡皮擦來修飾；或是再配合「復原」面板、「選取區」工具進行編修，具備美術底子者，還可直接使用筆刷潤飾，效果當然會更好。

學習評量

選擇題

1.( ) Corel Painter Essentials 3主要用來做什麼？

(A) 修復相片的瑕疵 　　　　(B) 設計向量圖

(C) 繪畫和創作繪畫風格作品 　(D) 工程設計。

2.( ) 在自動繪製時，出現的色彩都是單色且無法構成畫面時，如何解決？

(A) 調整筆刷大小 　　　　(B) 換一種筆刷

(C) 調整筆觸 　　　　　　(D) 啟用「仿製色彩」。

3.( ) 以下哪一種方法，可以快速的在仿製繪圖時查看效果？

(A) 執行「畫布－描圖紙」功能　(B) 單擊「 ▣ 切換描圖紙」按鈕

(C) 按下Ctrl+T快速鍵 　　　　(D) 以上皆可。

4.( ) 若混合使用「數位水彩」和其他類型的筆刷進行繪圖，如何便捷地擦除修飾數位水彩部分？

(A) 使用「微濕橡皮擦」變體　(B) 使用「輕柔邊緣仿製筆刷」

(C) 使用乾筆刷 　　　　　　(D) 使用「橡皮擦」工具。

5.( ) 使用「神秘特效－自動梵谷」功能時，以下哪一種設定無效？

(A)「藝術家」筆刷的大小 　(B)「藝術家」筆刷的變體

(C)「藝術家」筆刷的透光度　(D)「藝術家」筆刷的筆觸。

實作題

牛刀小試－基礎題

1. 拍攝了一張頗有意境的相片，想將它變得更藝術點，因此需要請大家使用 Corel Painter Essentials 3的「快速仿製」和「自動繪製」功能，幫忙將相片轉成印象派畫風的作品，好能發送到部落格上，向朋友們秀一下創意。

原相片

印象派繪畫風格

◎ 練習檔案：..\Example\Ex15\Practice\印象派繪畫.jpg
◎ 成果檔案：..\Example\Ex15\Practice\印象派繪畫Ok_rif、印象派繪畫
　　　　　　Ok_.jpg

提示：

a. 開啟練習檔案，調整敏銳模糊量為「20%」，透過「快速仿製」建立新檔。

b. 隱藏描圖紙，選擇「藝術家」筆刷，選擇「印象派」變體，設定大小為「16」、透
光度為「100%」，設定筆觸為「對角線」，亂數式為「51%」、壓力為「85%」、
長度為「4%」、旋轉為「180」、筆刷大小為「68%」，啟用「 🖼 仿製色彩」功
能，單擊「 ▶ 開始繪製」按鈕，待效果合適之後，單擊「 ■ 停止繪製」按鈕。

大顯身手－進階題

1. 既然是創作相片繪畫風格，也不用拘泥於門派之見，將各種風格混合起來，
做出的作品說不定更具有特殊的美感，下面請使用「油畫」筆刷和「藝術
家」筆刷混合作畫，讓相片具備唯美的特殊繪畫風格。

—— 原相片

混合效果繪畫風格 ——

◎ 練習檔案：..\Example\Ex15\Practice\混合風格.jpg
◎ 成果檔案：..\Example\Ex15\Practice\混合風格_Ok.rif、混合風格_Ok.jpg

提示：

a. 開啟練習檔案，執行「快速仿製」功能。

b. 選擇「油畫」筆刷，選擇「不透光平頭」變體，設定大小為「26」、透光度為「100%」，隱藏描圖紙，設定筆觸為「對角線」，亂數式為「51%」、壓力為「85%」、長度為「4%」、旋轉為「180」、筆刷大小為「68%」，啟用「 仿製色彩」功能，單擊「 開始繪製」按鈕，待效果合適之後，單擊「 停止繪製」按鈕。

c. 選擇「藝術家」筆刷，選擇「秀拉」變體，啟用「 仿製色彩」功能，設定大小為「10」，單擊「 開始繪製」按鈕，待效果合適時，單擊「 停止繪製」按鈕。

d. 變更筆刷大小為「1.0」，單擊「 開始繪製」按鈕，待效果合適時，單擊「 停止繪製」按鈕。

學習評量解答

Chapter 1

1. (A)   2. (D)   3. (C)   4. (D)   5. (A)

Chapter 2

1. (B)   2. (C)   3. (D)   4. (B)   5. (B)

Chapter 3

1. (C)   2. (B)   3. (D)   4. (A)   5. (D)

Chapter 4

1. (D)   2. (B)   3. (C)   4. (B)   5. (A)

Chapter 5

1. (A)   2. (A)   3. (B)   4. (A)   5. (C)

Chapter 6

1. (A)   2. (C)   3. (B)   4. (C)   5. (A)

Chapter 7

1. (A)   2. (A)   3. (C)   4. (C)   5. (C)

Chapter 8

1. (C)   2. (A)   3. (D)   4. (A)   5. (C)

Chapter 9

1. (C)   2. (D)   3. (D)   4. (A)   5. (D)

Chapter 10

1. (B)　　2. (D)　　3. (B)　　4. (B)　　5. (C)

Chapter 11

1. (A)　　2. (B)　　3. (C)　　4. (A)　　5. (D)

Chapter 12

1. (D)　　2. (C)　　3. (C)　　4. (B)　　5. (D)

Chapter 13

1. (A)　　2. (B)　　3. (D)　　4. (C)　　5. (A)

Chapter 14

1. (D)　　2. (C)　　3. (D)　　4. (C)　　5. (A)

Chapter 15

1. (C)　　2. (D)　　3. (D)　　4. (A)　　5. (D)

筆記欄

筆記欄

筆記欄

筆記欄

讀者服務卡

姓名：＿＿＿＿＿＿＿＿＿＿＿＿　性別：＿＿＿＿＿＿　1.男　2.女
出生日期：＿＿＿年＿＿＿月＿＿＿日
身分：＿＿＿＿＿＿＿　1.老師　2.學生（請填類組：＿＿＿＿＿）3.其他＿＿＿＿＿＿＿＿
任職或就讀學校：＿＿＿＿＿＿＿＿＿＿＿＿＿＿＿年＿＿＿＿＿班
地址：□□□□□＿＿＿＿市（縣）＿＿＿＿區（鄉鎮）＿＿＿村＿＿＿里＿＿＿鄰
　　　＿＿＿＿＿路（街）＿＿＿段＿＿＿巷＿＿＿弄＿＿＿號＿＿＿樓
電話：＿＿＿＿＿＿＿＿＿＿＿＿　傳真：＿＿＿＿＿＿＿＿＿＿＿＿＿
E－mail：＿＿＿＿＿＿＿＿＿＿＿＿＿＿＿＿＿＿＿＿＿＿＿＿＿

☺ 購買地點／
　1.學校　2.補習班　3.團體　4.郵購　5.書店　6.其他＿＿＿＿＿＿＿＿＿＿

☺ 您從哪裡得知本書／
　1.學校老師介紹　2.補習班老師　3.同學　4.DM 廣告傳單　5.書店　6.報紙廣告　7.其他

☺ 請填寫是哪位老師推薦您這本書／
　學校的老師＿＿＿＿＿＿＿＿，這位老師任職學校＿＿＿＿＿＿＿＿，聯絡方式＿＿＿＿＿＿＿
　補習班老師＿＿＿＿＿＿＿＿，這位老師任職地方＿＿＿＿＿＿＿＿，聯絡方式＿＿＿＿＿＿＿

☺ 您對本書的整體印象如何？
　□1.非常滿意　□2.滿意　□3.普通　□4.不滿意　□5.非常不滿意

☺ 您對本書內容深度是否滿意？
　□1.非常滿意　□2.滿意　□3.普通　□4.不滿意　□5.非常不滿意　（因為：□❶太深　□❷不夠深）

☺ 您覺得本書每一章的篇幅長短是否適合研讀？
　□1.適合　□2.普通　□3.不適合　（因為：□❶太長　□❷太短）

☺ 您最喜歡本書的哪些章節？
　1.＿＿＿＿＿＿＿＿＿＿＿＿　原因：＿＿＿＿＿＿＿＿＿＿＿＿＿＿＿＿＿＿＿＿
　2.＿＿＿＿＿＿＿＿＿＿＿＿　原因：＿＿＿＿＿＿＿＿＿＿＿＿＿＿＿＿＿＿＿＿
　3.＿＿＿＿＿＿＿＿＿＿＿＿　原因：＿＿＿＿＿＿＿＿＿＿＿＿＿＿＿＿＿＿＿＿

☺ 您最不喜歡本書的哪些章節？
　1.＿＿＿＿＿＿＿＿＿＿＿＿　原因：＿＿＿＿＿＿＿＿＿＿＿＿＿＿＿＿＿＿＿＿
　2.＿＿＿＿＿＿＿＿＿＿＿＿　原因：＿＿＿＿＿＿＿＿＿＿＿＿＿＿＿＿＿＿＿＿
　3.＿＿＿＿＿＿＿＿＿＿＿＿　原因：＿＿＿＿＿＿＿＿＿＿＿＿＿＿＿＿＿＿＿＿

☺ 您喜歡本書的版面編輯方式嗎？
　□1.非常喜歡　□2.喜歡　□3.普通　□4.不喜歡　□5.非常不喜歡
　理由是：＿＿＿＿＿＿＿＿＿＿＿＿＿＿＿＿＿＿＿＿＿＿＿＿＿＿＿＿＿＿＿＿＿

☺ 您認為本書有哪些值得肯定之處？
＿＿＿＿＿＿＿＿＿＿＿＿＿＿＿＿＿＿＿＿＿＿＿＿＿＿＿＿＿＿＿＿＿＿＿＿＿＿＿

☺ 您認為本書有哪些需要再改進之處？
＿＿＿＿＿＿＿＿＿＿＿＿＿＿＿＿＿＿＿＿＿＿＿＿＿＿＿＿＿＿＿＿＿＿＿＿＿＿＿

☺ 以本書籍來說，哪些特質是您認為最重要的？
　1.＿＿＿＿＿＿　2.＿＿＿＿＿＿　3.＿＿＿＿＿＿　（請依重要順序填寫前３名名次）
　　❶內容豐富，網羅課內外重要資料　　❷分析深入，能掌握趨勢
　　❸整理方式綱舉目張，清楚有條理　　❹觀念領先，富啟發性
　　❺版面美觀，有助閱讀　　　　　　　❻類題充實，能多做練習
　　❼其他＿＿＿＿＿＿＿＿＿＿＿＿＿＿＿＿＿＿＿＿＿＿＿＿＿＿＿＿＿＿

24257　新北市新莊區中正路 649 號 7 樓

台科大圖書股份有限公司 收

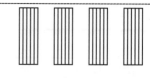

廣 告 回 信		
台灣北區郵政管理局登記證		
三 重 廣 字 第 **0003** 號		
印 刷 品 · 免 貼 郵 票		

姓名：

年齡：　　　　　　性別：□男　□女

地址：　　　縣　　　　鄉鎮
　　　　　　市　　　　市區
　　　　　路(街)　段　巷　弄　　號

※為便於處理，請填寫郵遞區號

請沿此線對折裝訂寄回

勘誤表

PB302

頁碼	行數	可疑或不當之處	建議字句

謝謝您熱心的指正！

地址：新北市新莊區中正路 649 號 7 樓　　電話：(02)2908-5945　　傳真：(02)2908-6347

玩透PhotoImpact X3全能設計實用教學寶典／
資訊啓發團隊編著. -- 初版. -- 臺北縣新莊
市：勁園圖書，2008.06
　　面；　公分

ISBN 978-986-6720-30-7（平裝）

1.數位影像處理

312.837　　　　　　　　　　97010263

如果您對本公司圖書內容有任何
寶貴意見，請撥～ Bube 專線
0800-000-599　將有專人竭誠為您服務!!

玩透PhotoImpact X3全能設計實用教學寶典

書　號：PB302　　　　　　　　　　　　　　　2011年 8月初版

編 著 者┃資訊啟發團隊
責任編輯┃賴冠儒
美術製作┃陳美齡
法律顧問┃吳志勇　律師
登記字號┃局版北市業字第1227號

發 行 所┃台科大圖書股份有限公司
地　　址┃新北市新莊區中正路649號7樓
電　　話┃(02) 2908-5945
傳　　真┃(02) 2908-6347
網　　址┃www.tiked.com.tw
E-mail┃service@tiked.com.tw

營業處各服務中心專線：
　　　　　總　公　司：(02)2908-5945　　桃園服務中心：(03)463-5285
　　　　　台北服務中心：(02)2908-5945　　嘉義服務中心：(05)284-4779
　　　　　台中服務中心：(04)2263-5882　　高雄服務中心：(07)555-7947

郵購帳號┃19133960
戶　　名┃台科大圖書股份有限公司
　　　　　※郵撥訂購未滿 $ 1500元者，請付郵資．本島地區 $ 100元 / 外島地區 $ 200元
客服專線┃0800-000-599
網路購書┃www.tiked.com.tw